U0390572

绚丽甘肃
MAGNIFICENT GANSU

华夏文明之源

自 | 然 | 物 | 语

SHANYE DE DIAOSU

山野的雕塑

柯 英 /著

甘肃人民美术出版社

图书在版编目（ＣＩＰ）数据

山野的雕塑／柯英著. -- 兰州：甘肃人民美术
出版社，2017.10
ISBN 978-7-5527-0538-6

Ⅰ.①山… Ⅱ.①柯… Ⅲ.①丹霞地貌-介绍-张掖
Ⅳ.①P942.423.76

中国版本图书馆CIP数据核字（2017）第225847号

山野的雕塑

华夏文明之源

柯　英　著

出　版　人：王永生
责任编辑：朱　珠
校　　对：张家骝
美术编辑：马吉庆

出版发行：甘肃人民美术出版社
地　　址：兰州市读者大道 568 号
邮　　编：730030
电　　话：0931-8773148（编辑部）
　　　　　0931-8773112（发行部）
E－mail：gsart@126.com
网　　址：http://www.gansuart.com

印　　刷：北京华联印刷有限公司
开　　本：787 毫米×1092 毫米　1/16
印　　张：10.25
插　　页：1
字　　数：132 千
版　　次：2018 年 1 月第 1 版
印　　次：2018 年 1 月第 1 次印刷
印　　数：1~3 100 册
书　　号：ISBN 978-7-5527-0538-6
定　　价：46.00 元

华夏文明之源

总　序

　　华夏文明是世界上最古老的文明之一。甘肃作为华夏文明和中华民族的重要发祥地，不仅是中华民族重要的文化资源宝库，而且参与谱写了华夏文明辉煌灿烂的篇章，为华夏文明的形成和发展做出了重要贡献。甘肃长廊作为古代西北丝绸之路的枢纽地，历史上一直是农耕文明与草原文明交汇的锋面和前沿地带，是民族大迁徙大融合的历史舞台，不仅如此，这里还是世界古代四大文明的交汇融合之地。正如季羡林先生所言："世界上历史悠久、地域广阔、自成体系、影响深远的文化体系只有四个：中国、印度、希腊、伊斯兰，再没有第五个；而这四个文化体系汇流的地方只有一个，就是中国的敦煌和新疆地区，再没有第二个。"因此，甘肃不仅是中外文化交流的重要通道、华夏的"民族走廊"（费孝通）和中华民族重要的文化资源宝库，而且是我国重要的生态安全屏障、国防安全的重要战略通道和纵深。

　　自古就有"羲里""娲乡"之称的甘肃，是传说

1

中中华人文始祖伏羲、女娲的诞生地。距今8000年的大地湾文化，拥有6项中国考古之最：中国最早的旱作农业标本、中国最早的彩陶、中国文字最早的雏形、中国最早的宫殿式建筑、中国最早的"混凝土"地面、中国最早的绘画，被称为"黄土高原上的文化奇迹"。兴盛于距今5000—4000年之间的马家窑文化，以其彩陶出土数量最多、造型最为独特、色彩绚丽、纹饰精美，代表了中国彩陶艺术的最高成就，达到了世界彩陶艺术的巅峰。东乡林家遗址出土的马家窑文化青铜刀，被誉为"中华第一刀"，将我国使用青铜器的时间提早到距今约5000年。从马家窑文化到齐家文化，甘肃成为中国最早从事冶金生产的重要地区之一。不仅如此，大地湾文化遗址和马家窑文化遗址的考古还证明甘肃是中国旱作农业的重要起源地，是中亚、西亚农业文明的交流和扩散区。"西北多民族共同融合和发展的历史可以追溯到甘肃的史前时期"，甘肃齐家文化、辛店文化、寺洼文化、四坝文化、沙井文化等，是"氐族、西戎等西部族群的文化遗存，农耕文化和游牧文化在此交融互动，形成了多族群文化汇聚融合的格局，为华夏文明不断注入新鲜血液"（田澍、雍际春）。周秦王朝的先祖在甘肃创业兴邦，最终得以问鼎中原。周先祖以农耕发迹于庆阳，创制了以农耕文化和礼乐文化为特征的周文化；秦人崛起于陇南山地，将中原农耕文化与西戎、北狄等族群文化交融，形成了农牧并举、华戎交汇为特征的早期秦文化。对此，历史学家李学勤认为，前者"奠定了中华民族的礼仪与道德传统"，后者"铸就了中国两千多年的封建政治、经济和文化格局"，两者都为华夏文明的发展产生了决定性的影响。

自汉代张骞通西域以来，横贯甘肃的丝绸之路成为中原联系西域和欧、亚、非的重要通道，在很长一个时期承担着华夏文明与域外文明交汇融合的历史使命。东晋十六国时期，地处甘肃中西部的河西走廊地区曾先后有五个独立的地方政权交相更替，凉州（今武威）成为汉文化的三个中心之一，"这一时期形成的五凉文化不仅对甘肃文化产生过深刻影响，而且对南北朝文化的兴盛有着不可磨灭的功绩"（张兵），并成为隋唐制度文化的源头之一。甘肃的历史地位还充分体现在它对华夏文明存续的历史贡献上，历史学家陈寅恪在《隋唐制度渊源略论稿》中慨叹道，"西晋永嘉之乱，中原魏晋以降之文化转移保存于凉州一隅，至北魏取凉州，而河西文化遂输入于魏，其后北魏孝文宣武两代所制定之典章制度遂深受其影响，故此（北）魏、（北）齐之源其中亦有河西之一支派，斯则前人所未深措意，而今日不可不详论者也"，"秦凉诸州西北一隅之地，其文化上续汉、魏、西晋之学风，下开（北）魏、（北）齐、隋、唐之制度，承前启后，继绝扶衰，五百年间延绵一脉"，"实吾国文化史之一大业"。魏晋南北朝民族大融合时期，中原魏晋以降的文化转移保存于江东和河西（此处的河西指河西走廊，重点在河西，覆盖甘肃全省——引者注），后来的河西文化为北魏、北齐所接纳吸收，遂成为隋唐文化的重要来源。因此，在华夏文明曾出现断裂的危机之时，河西文化上承秦汉下启隋唐，使华夏文明得以延续，实为中华文化传承的重要链条。隋唐时期，武威、张掖、敦煌成为经济文化高度繁荣的国际化都市，中西方文明交汇达到顶峰。自宋代以降，海上丝绸之路兴起，全国经济重心遂向东向南转移，西北丝绸之路逐渐走过了它的繁盛期。

"丝绸之路三千里，华夏文明八千年"是甘肃历史悠久、文化厚重的生动写照，也是对甘肃历史文化地位和特色的最好诠释。作为华夏文明的重要发祥地，这里的历史文化累积深厚，永靖恐龙足印群与和政古动物化石群堪称世界瑰宝，还有距今8000年的大地湾文化、世界艺术宝库——敦煌莫高窟、"东方雕塑馆"天水麦积山石窟、藏传佛教格鲁派六大宗主寺之一的拉卜楞寺、"天下第一雄关"嘉峪关、"道源圣地"崆峒山以及西藏归属中央政府直接管理历史见证的武威白塔寺、中国旅游标志——武威出土的铜奔马、中国邮政形象代表——嘉峪关出土的"驿使"等等。这里的民族民俗文化绚烂多彩，红色文化星罗棋布，是国家12个重点红色旅游省区之一。现代文化闪耀夺目，《读者》杂志被誉为"中国人的心灵读本"，舞剧《丝路花雨》《大梦敦煌》成为中华民族舞剧的"双子星"。中华民族的母亲河——黄河在甘肃境内蜿蜒900多公里，孕育了以农耕和民俗文化为核心的黄河文化。甘肃的历史遗产、经典文化、民族民俗文化、旅游观光文化等四类文化资源丰度排名全国第五位，堪称中华民族文化瑰宝。总之，在甘肃这片古老神奇的土地上，孕育形成的始祖文化、黄河文化、丝绸之路文化、敦煌文化、民族文化和红色文化等，以其文化上的混融性、多元性、包容性、渗透性，承载着华夏文明的博大精髓，融汇着古今中外多种文化元素的丰富内涵，成为中华民族宝贵的文化传承和精神财富。

甘肃历史的辉煌和文化积淀之深厚是毋庸置疑的，但同时也要看到，甘肃仍然是一个地处内陆的西部欠发达省份。如何肩负丝绸之路经济带建设的国家战略，担当好向西开放前沿的国家使命，如何充分利用国家批复的甘肃省建设华夏文明传承创新区这一文化发展战略平台，推动甘肃文化的大发展大繁荣和经济社会的转型发展，成为甘肃面临的新的挑战和机遇。目前，甘肃已经将建设丝绸之路经济带"黄金段"与建设华夏文明传承创新区统筹布局，作为探索经济欠发达但文化资源富集地区的发展新路。如何通过华夏文明传承创新区的建设使华夏的优秀文化传统在现代语境中得以激活，成为融入现代化进程的"活的文化"，实际上是我国在走向现代化过程中如何对待传统文化的问题。华夏文明传承创新区的建设能够缓冲迅猛的社会转型对于传统文化的冲击，使传统文化在保护区内完成传承、发展和对现代化的适应，最终让传统文化成为中国现代化进程中的"活的文化"。因此，华夏文明传承创新区的建设原则应该是文化与生活、传统与现代的深度融合，是传承与创新、保护与利用的有机统一。要激发各族群众的文化主体性和文化创造热情，抓住激活文化精神内涵这个关键，真正把传承与创新、保护与发展体现在整个华夏文明的挖掘、整理、传承、展示和发展的全过程，实现文化、生态、经济、社会、政治等统筹兼顾、协调发展。华夏文化是由我国各族人民创造的"一体多元"的文化，形式是多样的，文化发展的谱系是多样的，文化的表现形式也是多样的，因此，要在理论上深入研究华夏文化与现代文化、与各民族文化之间的关系以及华夏文化现代化的自身逻辑，让各族文化在符合自身逻辑的基础上实现现代化。要高度重视生态环境保护和文化生态保护的问题，在华夏文明传承创新区中设立文化生态保护区，实现文化传承保护的生态化，避免文化发展的"异化"和过度开发。坚决反对文化保护上的两种极端倾向：为了保护而保护的"文化保护主义"和一味追求经济利益、忽视文化价值实现的"文化经济主义"。在文化的传承创新中要清醒地认识到，华夏传统文化具有不同层次、形式各样的价值，建立华夏文明传承创新区不是在中华民族现代化的洪流中开辟一个"文化孤岛"，而是通过传承创新的方式争取文化发展的有利条件，使华夏文化能够在自身特性的基础上，按照自身的文化发展逻辑实现现代化。要以社会主义核心价值体系来总摄、整合和发展华夏文化的内涵及其价值观念，使华夏的优秀文化传统在现代语境中得到激活，尤其是文化精神内涵得到激活。这是对华夏文明传承创新的理性、科学的文化认知与文化发展观，这是历史意识、未来眼光和对现实方位准确把握的充分彰显。我们相信，立足传承文明、创新发展的新起点，随着建设丝绸之路经济带国家战略的推进，甘肃一定会成为丝绸之路经济带的"黄金段",再次肩负起中国向西开放前沿的国家使命,为中华文明的传承、创新与传播谱写新的壮美篇章。

正是在这样的历史背景下,读者出版传媒股份有限公司策划编辑了这套《华夏文明之源·历史文化丛书》。"丛书"以全新的文化视角和全球化的文化视野,深入把握甘肃与华夏文明史密切相关的历史脉络,充分挖掘甘肃历史进程中与华夏文明史有密切关联的亮点、节点,以此探寻文化发展的脉络、民族交融的驳杂色彩、宗教文化流布的轨迹、历史演进的关联,多视角呈现甘肃作为华夏文明之源的文化独特性和杂糅性,生动展示绚丽甘肃作为华夏文明之源的深厚历史文化积淀和异彩纷呈的文化图景,形象地书写甘肃在华夏文明史上的历史地位和突出贡献,将一个多元、开放、包容、神奇的甘肃呈现给读者。

按照甘肃历史文化的特质和演进规律以及与华夏文明史之间的关联,"丛书"规划了"陇文化的历史面孔、民族与宗教、河西故事、敦煌文化、丝绸之路、石窟艺术、考古发现、非物质文化遗产、河陇人物、陇右风情、自然物语、红色文化、现代文明"等13个板块,以展示和传播甘肃丰富多彩、积淀深厚的优秀文化。"丛书"将以陇右创世神话与古史传说开篇,让读者追寻周先祖文化和秦早期文明的遗迹,纵览史不绝书的五凉文化,云游神秘的河陇西夏文化,在历史的记忆中描绘华夏文明之源的全景。随"凿空"西域第一人张骞,开启"丝绸之路"文明,踏入梦想的边疆,流连于丝路上的佛光塔影、古道西风,感受奔驰的马蹄声,与行进在丝绸古道上的商旅、使团、贬谪的官员、移民擦肩而过。走进"敦煌文化"的历史画卷,随着飞天花雨下的佛陀微笑在沙漠绿洲起舞,在佛光照耀下的三危山,一起进行千佛洞的千年营建,一同解开藏经洞封闭的千年之谜。打捞"河西故事"的碎片,明月边关的诗歌情怀让人沉醉,遥望远去的塞上烽烟,点染公主和亲中那历史深处的一抹胭脂红，更觉岁月沧桑。在"考古发现"系列里，竹简的惊世表情、黑水国遗址、长城烽燧和地下画廊，历史的密码让心灵震撼；寻迹石上，在碑刻摩崖、彩陶艺术、青铜艺术面前流连忘返。走进莫高窟、马蹄寺石窟、天梯山石窟、麦积山石窟、炳灵寺石窟、北石窟寺、南石窟寺，沿着中国的"石窟艺术"长廊，发现和感知石窟艺术的独特魅力。从天境——祁连山走入"自然物语"系列，感受大地的呼吸——沙的世界、丹霞地貌、七一冰川，阅读湿地生态笔记，倾听水的故事。要品味"陇右风情"和"非物质文化遗产"的神奇，必须一路乘坐羊皮筏子，观看黄河水车与河道桥梁，品尝牛肉面的兰州味道，然后再去神秘的西部古城探幽，欣赏古朴的陇右民居和绮丽的服饰艺术；另一路则要去仔细聆听来自民间的秘密，探寻多彩风情的民俗、流光溢彩的民间美术、妙手巧工的传统技艺、箫管曲长的传统音乐、霓裳羽衣的传统舞蹈。最后的乐章属于现代，在"红色文化"里，回望南梁政权、哈达铺与榜罗镇、会宁三军会师、西路军血战河西的历史，再一次感受解放区妇女封芝琴（刘巧儿原型）争取婚姻自由的传奇；"现代文明"系列记录了共和国长子——中国石化工业的成长记忆、中国人的航天梦、中国重离子之光、镍都传奇以及从书院学堂到现代教育，还有中国舞剧的"双子星"。总之，"丛书"沿着华夏文明的历史长河，探究华夏文明演变的轨迹，力图实现细节透视和历史全貌展示的完美结合。

读者出版传媒股份有限公司以积累多年的文化和出版资源为基础，集省内外文化精英之力量，立足学术背景，采用叙述体的写作风格和讲故事的书写方式，力求使"丛书"做到历史真实、叙述生动、图文并茂，融学术性、故事性、趣味性、可读性为一体，真正成为一套书写"华夏文明之源"暨甘肃历史文化的精品人文读本。同时，为保证图书内容的准确性和严谨性，编委会邀请了甘肃省丝绸之路与华夏文明传承发展协同创新中心、兰州大学以及敦煌研究院等多家单位的专家和学者参与审稿，以确保图书的学术质量。

《华夏文明之源·历史文化丛书》编委会

天开美景惊世殊

王开堂

　　崛起于青藏高原和河西走廊之间、横贯东西一千多公里的祁连山脉,不但是维系中国西北生态平衡的天然屏障,古丝绸之路逶迤前行的重要依傍,而且孕育了丰富多彩的自然奇观,积淀了深厚灿烂的人文底蕴。21世纪以来,随着以张掖丹霞为代表的大型丹霞地貌群的发现和推介,河西各地相继发现了分布甚广的丹霞地貌,这些已经开发和待开发利用的资源,为丝绸之路旅游黄金线再添异彩。

　　处于祁连山腹地的张掖丹霞和彩色丘陵,在其被发现之前,已静静地沉睡了亿万年之久,除了山野的牧人和个别探险家外,没有多少人曾去关注过它们,更少有人发现其所蕴含着的美学价值和科考价值。直到有一天,当摄影师们把它推到世界的聚光灯下时,其华丽大气、雄浑壮观,顿然点亮了世人的眼睛,让无数的旅行者们直叹惊艳,拍案叫绝!

　　张掖作为坐落在祁连山和黑河湿地两个国家级自然保护区之上的城市,既是古丝绸之路上较大的绿洲带,又是承接青藏高原与内蒙古高原过渡的分界段,境内冰川雪山、森林草原、沙漠绿洲、七彩丹霞、沼泽湿地、湖泊苇溪、历史古迹等各类地貌景观聚焦在一个镜头中，既有北国风光的雄浑壮观，又有南国水乡的秀丽清隽，堪称"中国地貌景观大观园"。诸多的人文与自然景观交织于这片土地上，本身就是一个奇迹。丹霞地貌和彩色丘陵的发现与推介，再次刷新了这个奇迹。2005年11月，在中国地理杂志社与全国34家大型媒体联合举办的"中国最美的地方"评选中，张掖丹霞被评选为"中国最美的七大丹霞"之一；2009年又被极具权威和导向性的《中国国家地理》杂志《图说天下》编委会评为"中国最美的六处奇异地貌"之一；2011年再次被美国《国家地理》杂志评为"世界十大神奇地貌奇观"之一。张掖丹霞和彩色丘陵作为一张通向世界的名片，已经在国内外声誉鹊起，而且越来越成为众多热爱自然、向往胜景的人们所期盼的旅游目的地。

"上天有好生之德，大地有载物之厚。"天地创造万物是公平的，利弊均衡，得失相抵。处在中国西北部的祁连山地带雨量稀少、苍凉荒蛮，但正是这种干旱气候，造就了南方青山绿水中少见的彩色丘陵和丹霞奇观。2006年，我因工作关系，邀请素有"当代徐霞客"之称的黄进先生专程到张掖，并陪同他对张掖丹霞地貌进行了比较全面的实地考察，所到之处，其场面之壮观、气势之宏伟、造型之奇特、色彩之艳丽，让这位丹霞研究的泰斗赞不绝口，黄进先生认为这种地貌在世界范围内都是罕见的。经过考察，他在张掖新命名了两个地貌景观，即"彩色丘陵"和"窗棂状宫殿式丹霞"，并欣然题词："窗棂状宫殿式丹霞全国第一，彩色丘陵全国第一，丹霞地貌发育是全国最好的地区之一。"这几年，我陆续陪同国家领导人和中外专家学者参观考察彩色丘陵与丹霞景观，他们都为其磅礴的气势感到震撼，并就保护利用好这一优质资源提出了很多有见地的意见和建议。我们相信，随着更高层面的关注和人们精神文化生活的需求，以及基础设施建设的不断完善和服务水平的提升，张掖丹霞定会蜚声海内外，让更多的游客走近它，分享这份上天的赐予。

张掖丹霞只是祁连山丹霞的一部分，开发利用的更是冰山一角。在祁连山南北，丹霞地貌分布十分广泛，目前，其面积尚难测算。丹霞地貌是亿万年的地质演变的结果，它们在沉寂的等待中，正渐渐被人们所认知，只是有的还处于发育阶段，有的地段暂不便于开发，使得有些壮观美景尚处于"养在深闺人不识"的状态。但在一千六百多年前，祁连丹霞就已经悄然与人文结缘，张掖马蹄寺石窟、金塔寺石窟，武威天梯山石窟等，都开凿在丹岩赤壁上，只不过，过去人们尚未认识到这样的山岩正是丹霞地貌。

丹霞地貌作为一种独特的地质地貌形态，其研究非常缓慢，20世纪初，人们才意识到它独有的特性。多少年来，人们对丹霞科学知识的普及十分有限，在大众的视野里，通常把广东韶关的丹霞山作为标本。尽管2010年以南方六处丹霞景观捆绑的"中国丹霞"成功申报了世界自然遗产，但人们的认识和理解还只停留在"色如渥丹，灿若明霞"的概念上，停留在外在观赏、摄影绘画等层面，而对其所蕴藏内涵的了解远远不够，通俗、生动、全面介绍丹霞地貌的书籍更是少之又少，基本上是一个除了专业人员以外很少有人涉足的领域。本书的作者在钻研地质地学理论、吸收丹霞研究已有成果的基础上，利用业余时间，穿越祁连山南北，深入实地考察辩识，足迹遍布河西走廊，凭借丰富的第一手资料，融知识性、文学性、趣味性于一体，对祁连山丹霞地貌进行了全景式描述，给予了山川大地人文化的关照。

这本图文并茂的书，定会引导人们更加清晰地认识丹霞，了解丹霞，走近丹霞。

目
录
Contents

天开美景惊世殊

上编　天作之美

下编　山野奇观

上 编
天作之美

漫长的演进

祁连山，一座闪耀着神性光芒的山。

它崛起于青藏高原北部边缘，因匈奴呼天曰"祁连"而得名。古代地理典籍中，也将它称为"昆仑山"，是神话故事中西王母的居所。整个山脉西部与阿尔金山相连，东南与秦岭、六盘山相接，东西绵延1200多公里，南北宽200多公里，跟今天的昆仑山脉、阿尔金山脉、秦岭山脉等，都是西北最早形成的东西走向的山脉，共同构成中国地形西高东低的大致走向，成为中国地形第一阶梯和第二阶梯的分界线。

南望祁连，群峰峥嵘，巍峨起伏。它没有南方山川的披绿叠翠，秀丽如画，但它雄阔庄重，气势苍莽，以雄性的粗犷，隆起一道生命的屏障。深入祁连山腹地，丰富多样的地貌景观处处可见，千姿百态的丹霞地貌更是令人称奇，其面积之广，色彩之艳，观赏性之强，举世罕见，赋予了偏远、荒蛮之地独特的大美。

山川大地都有一段久远的演进历史，丹霞也不例外，它也有孕育、成

｜祁连山前山地带的丹霞地貌

长、发展、壮大和衰败的漫长历程。这个历程动辄数亿年、千万年,遥远得我们无法想象。丹霞的生成取决于两个地质条件:一是沉积的红砂岩、砂砾岩和泥岩;二是海水或湖水长期侵蚀。正如中国科学家对丹霞的定义:"发育在陆相碎屑岩基础上,经长期风化剥离和流水侵蚀形成的孤立山峰和陡峭的奇岩怪石。"那么,地处西北干旱半干旱区域的祁连山,远离大海,干燥缺水,又是怎样形成奇绝景观的呢? 这要从祁连山波澜壮阔的造山运动说起。

在亘古的宇宙时空中,地球生命的诞生与发展演变常常以亿万年、数十亿年作为计量单位,宏阔而辽远。地质构造学把地球的演进历程分为三个阶段:太古宙(迄今 38 亿年~25 亿年)、元古宙(迄今 25 亿年~5.7 亿年)、显生宙(距今 5.7 亿年~延续至今),每个"宙"下又分为若干"代",代下分为若干"纪"。数十亿到数亿年时光的造化,远非人类的想象可以企及。今天我们脚下的每一片泥土、每一块岩石都是经过了千秋万代的生长发育,充满了太多人所不知的传奇。

祁连山随着整个地球的演进而演进，在科学认识所及的范围内，它至少发生过六次漫长而巨大的变动，每一次巨变都是缓慢的，却又不容置疑地改变着既有的秩序，让山川重置归整。远在 20 亿年前，整个地球都为海水覆盖，祁连山所在地也是一片汪洋大海，遽冷遽热的气候和极不稳定的地壳运动，打破了山川的沉寂，海水干涸，陆地渐次生成，中国西北的敦煌——阿拉善古陆显现，而河西走廊地带和祁连山区仍然是一片汪洋，这是祁连山地带的第一次演化。接下来是元古代（距今 19.5 至 6.15 亿年），地球仍处于海洋时代，但被海水浸没的祁连山地带，在不可捉摸的变动中，渐渐沉积了相对稳定的岩石层，陆地开始显露，为有限的水生动植物登陆提供了条件。第三次是震旦纪时，经过亿万年的地壳活动，气候变冷，出现了冰川期，祁连山、龙首山一带再次被海水漫淹。震旦纪末，发生强烈的托莱运动，祁连山海槽褶皱隆起，河西走廊逐渐上升为陆地。第四次是古生代（距今 2.8 至 2.3 亿年）后，祁连山海槽又发生了几次海浸和海退，

侧斜无序的丹霞地貌山体

| 沧海桑田造就地质奇迹

后又经奥陶纪的古浪运动、泥盆纪的祁连运动,祁连古陆急剧上升,到泥盆世末,河西走廊全部变为陆地。第五次是新生代第三纪(距今 2500 万年前),经过无数次的海退、海侵和强烈的造山运动,直至祁连山不断隆起,走廊地带不断下沉,基本形成今天的山川大势。第六次是显生宙第四纪时期(距今 300 至 400 万年),形成走廊平原,由于气候进一步变化,湖泊干涸,青藏高原南部喜马拉雅山脉崛起,挡住了来自印度洋上的暖温气流,造成祁连冰川失去降水的补充,仅靠太平洋夏季风送来的暖温气流维持。祁连山每一次变动都需要数百万年的时光,其间的变化,如同一部神秘的天书。

史前地球上风云变幻、大起大落的造山造海运动,就这样造就了祁连山、内陆河流和河西走廊的平原沃野。在地形构造过程中,祁连山形成最具多样性地貌的山川,有雄伟的山脉、隆起的高原、起伏的丘陵,也有凹陷的低地、平原和盆地。同时还具有了亚洲山川的共多特征:冰川地形、水成地形、丹霞地形、干燥地形、黄土地形等。从地理学意义上说,其独特性没几座山川可以比拟。

在漫长的演进过程中,丹霞像个初生的婴儿,在祁连山的襁褓中静静地沉睡。它沐浴着浅海爱抚,吸纳着日月精华,发育着骨骼和体魄。虽然无法预料是否有横空出世的一天,但天地赋予它非凡的气质。长久的、静寂的发育过程中,它不断积蓄着生长的力量,期待破土而出的那一天,给世界一个惊喜。

世间万物皆有因果。丹霞地貌能够在祁连山发育,就因着独特的地质条件和地质构造。李四光在地质构造学说中认为,祁连山是古生代浅海相地层发育中形成的狭长地带,这种地质构造又叫"地槽"。在数十亿年的变化中,沉积物逐渐积淀,形成泥沙层、石灰岩层或沙岩、煤层,但因地形隆起、低洼的程度不同,沉积物的性质和厚度不大相同,以红砂岩为主构成

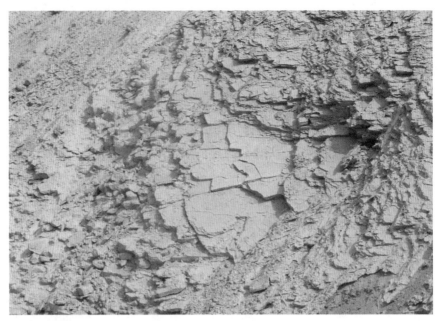

| 见证祁连山海底世界的泥质岩

的丹霞地貌就包裹在或薄或厚的沉积泥石层中。根据近年来青海省祁连山自然保护区科学考察报告分析，祁连山山脉多为现代冰川发育的寒冷风化及冰水侵蚀作用强烈的剥蚀构造高山，突岩危崖，奇峰怪石；自然造化，形态各异；层峦叠嶂，万象森列。岩石多以砂岩、砂砾岩、砾岩、泥岩、炭质页岩、细粒砂岩等交错分布，颜色呈现为红、黄、绿、灰、黑、紫、灰白等。这个报告的描述，实质上已经把祁连丹霞揭示得十分精彩：风化、剥蚀，是它生成的原动力；奇峰怪石、万象森列，是它的基本形态；红、黄、灰、白，是它的主色调。

东西绵延一千多公里的祁连山脉，多处已发现了丹霞地貌，有的形成了丰富景观，有的还在发育生长中，有的红砂岩层刚刚露头，具体分布面积很难估计，但从现已发现的面积和地质构造分析，这座山分布着举世罕见的大型丹霞地貌，是西北干旱半干旱地区丹霞地貌的集中展示区。大自

祁连山冰沟丹霞 |

然赋予了祁连山神奇的构造,也给了它超绝的梦想。

谁也无法预料哪一片丹霞面世的时间,更无法见证丹霞的发育历程,我们只能历史长河里静静地等待,等待它破土而出。

惊艳亮相

祁连山独特的景观资源,逐渐赢得人们的青睐。一批批的探险家、摄影家、艺术家走进祁连山,揭示着祁连山的美妙;一部部影视作品展示着祁连山的原始风采。近年来,人们熟知的影视作品《祁连山的回声》《太阳照常升起》《神探狄仁杰》《三枪拍案惊奇》《见龙卸甲》等,都以祁连山为外景,大量地切入了张掖丹霞地貌的外景,将色彩奇艳、造型奇特的祁连丹霞推介到了更广范围。

远古的神话传说,更为祁连山丹霞地貌披上神秘的外衣。《淮南子·天文训》说:"昔者共工与颛顼争为帝,不胜,怒而触不周之山,天柱折,地维绝。天倾西北,故日月星辰移焉;地不满东南,故水潦尘埃归焉。"意思是说,远古时期,共工和颛顼这两个部族之间为了争帝,发生了一场惊天动地的战争,直打得天昏地暗,山裂地陷,日月星辰移位,把西天的天柱都撞断了,西天开了一个窟窿,导致天地倾斜,洪水漫漶。这个传奇故事又衍生出女娲补天的典故。女娲娘娘为补天来到西昆仑,从四面八方采集来五彩石,用神力碾成粉末,用昆仑山的玉液琼浆调和,然后开始补天穹的窟窿。西天有个叫契瓜的妖魔,蛇身狮首,凶恶狰狞,出没于祁连山下的弱水(即今天的黑河)中,以吃人为生,使弱水两岸的百姓不得安生,他听到美丽善

祁连山中的彩色丘陵

剽悍雄壮的祁连丹霞

良的女娲来补天后,觊觎女娲的美色,邪念顿生,化作一个青年男子前去帮忙,女娲娘娘识破他的诡计,正色劝他用心修行,争取早日得道成仙。契瓜恼羞成怒,想和女娲正面交锋,法力又不及,便暗地里破坏女娲补天,一夜之间,施展妖术,把五彩石粉末吹散到满山遍野。女娲一觉醒来,看到朝阳映照下的祁连山五彩纷呈,分外耀眼,大吃一惊,一细看,才发现五彩粉末不见了,她立刻想到了恶魔契瓜所为,便略施法力,五彩粉末又聚拢在一起,但一部分附着在了山头上,把山染得五彩缤纷。为了防止恶魔继续捣乱,她安排两个侍女轮流值班,侍女一个叫朝霞,一个晚霞,按女娲娘娘的吩咐,尽职尽责,昼夜不离,帮助女娲顺利补好了天上的窟窿。但朝霞和晚霞因劳累过度,香消玉殒,长眠祁连。她们死后,化作霞光,早晚相映,为祁连山染上了神奇的霞帔。这就是我们今天见到的彩色丘陵与丹霞地貌复合的景观。

　　丹霞是发育在红砂岩层的一种独特地貌,因南北地质条件不同,丹霞呈现的状态也不尽相同。20世纪二三十年代有了丹霞地貌的概念以来，人们习惯上以广东仁化县境内的丹霞山为参照，将"色若渥丹，灿若明霞"的地貌称为丹霞。南方地区荟萃了丹霞山、莲花山、武夷山、龙虎山、崀山、万佛山、江郎山、泰宁山、龟峰山、冠豸山等著名丹霞地貌景区，这些丹霞地貌大都以青山绿水相映衬，凸现红色山崖的雄浑气势，秀中见奇，柔中见刚，阴中有阳，阴阳相生，总体呈现出"顶平、身陡、麓缓"的特征。以秦岭为分界线，进入甘肃境内的丹霞又呈现出有别于南方丹霞的奇观，较著名的如天水麦积山、平凉崆峒山、白银黄河石林、永靖炳灵寺、天梯山石窟、张掖丹霞、马蹄寺石窟、文殊寺石窟、玉门红柳峡等，这些地方的丹霞地貌呈现出与西北干旱半干旱地区相一致的特性：因植被稀疏，红色山崖大都裸露于天地间，雄、险、奇、秀直入视野，是一种坦露大地的雄旷、穿透时空的沧桑，更是一种缤纷色彩的喷薄而出，让苍凉的西北群山尽现奇特的一面。中国丹霞研究的权威人士黄进先生对南、北丹霞作过一个形象的比较："南方湿润地区的丹霞，丹山、绿林、碧水，像丹青画。而北方干旱地区的丹霞色彩艳丽，蔚然苍凉，像是油彩画。"

相对来说，祁连山丹霞地貌最有特色的四大类型：一是窗棂状宫殿式丹霞，二是赤壁丹霞，三是巷谷丹霞，四是丘陵丹霞。

窗棂状宫殿式丹霞，以赤壁丹崖崖上的楼体状、格子状为特征，有丰富的画面感，观赏性极强。主要分布在张掖境内的芦苇沟——敖河、万佛峡及冰沟一带的沟谷悬壁上，在雨水和风力的作用下，在崖壁上雕塑出宫殿、佛塔、瀑布、树木、古堡等森罗万象，远观如一幅泼墨山水画，近看却又如崖壁上的立体建筑。这是黄进教授对张掖丹霞类型的一个新命名。

赤壁丹霞又分为廊柱式、方山式、尖峰式等多种形态，以张掖市境内的梨园河两岸、冰沟、芦苇沟，酒泉市境内的东洞乡、玉门红柳峡，青海省祁连县的卓儿山等较为著名。这些山体经过大自然亿万年鬼斧神工的雕琢,呈现出千姿百态、千奇百怪的形态,四季之中,晨昏之间,丹霞也呈不同风韵。尤其那些象形石,有的以整个山体形成巍峨城堡,有的似一柱擎天,有的如金刚罗列,有的像侍女玉立,有的似猛虎凝神,有的若鹰隼展翅……光线不同,角度不同,景观神奇变幻,还有的像麦垛,像宫殿,像亭

窗棂状宫殿式丹霞景观 |

| 方山状丹霞类型

台,像楼阁,像飞禽,像走兽,像人,像佛,如同神话世界,一切传奇的物象都在这里实证。这些自然的杰作,的确是鬼斧神工,气势磅礴,别有趣味。

巷谷丹霞以张掖至肃南公路边的钻洞沟、冰沟最为典型。山体的沟谷原本与河道有关,是河流上游支流的深切狭谷,但祁连山的沟谷,却是造山运动中天然形成的狭窄巷谷,至多是暴雨时节当做泄洪沟一用。走进钻洞沟,里面有红砂岩峭壁形成的多条沟谷深巷,壁立如削,深幽狭长,巷谷相互贯通,曲折环绕,稍不留神就会在其中迷失方向。晨昏或阴晴天气下,因光线不同,沟谷呈现变幻多端的景象,深入其间,如入神秘的时光隧道,自有一番探险的乐趣和亲近自然的体验。

丘陵丹霞是幼年还未成形的丹霞和晚年丹霞的景观。在肃南大勒巴河谷的一侧,有一片初露赤红的丘陵,像还处于生长中的山体,丹霞的形态没有完全剥蚀出来,这应是丹霞幼年期。酒泉东洞乡红柳沟一带有方圆数十平方公里的红色丘陵,也有突起的尖峰,但总体是平缓的,原先高耸的丹崖赤壁崩塌后,堆积成了丘陵丹霞。

除此而外,与丹霞相生相伴的彩色丘陵更为壮观。彩色丘陵并不是丹霞地貌,它是黄进教授和兰州大学陈致均教授根据张掖彩色山川地貌提出的一个新命名,是对地貌学的一个新贡献。最典型的分布区在张掖市临泽县南台子、肃南县敖河景区(注:如今两处景点贯通为一体)、高台县罗城乡常丰村之上的丘陵地带,以及玉门的红柳峡。张掖丹霞地质公园就是以南台子和敖河景区作为核心区,在祁连雪峰映照下,山丘色彩斑斓,红、黄、蓝、白、黑、橙、青,落英缤纷,绚丽壮观,几乎是色彩的奔涌,是油墨的

尖峰状丹霞类型 |

翻滚。这一美景又因四时不同，景色迥异；晨昏之间，造型奇特。数十公里的绵延群山，构成天下绝景，让人直叹是女娲补天的五彩石遗落人间。黄进先生称："张掖彩色丹霞地貌色彩之缤纷、观赏性之强、面积之大冠绝全国；张掖彩色丘陵中

| 巷谷状丹霞类型

国第一。"

　　丹崖峭壁的鲜亮和庄严历来为佛教界所青睐，早在一千六百多年前的魏晋南北朝时期，天梯山、马蹄寺、金塔寺等一些石窟群的先期开凿，后世佛教徒相继弘广，把佛教的世界摹刻在丹霞山崖间，为幽深的祁连山再添人文胜迹，使这些自然景观承载了更多的人文内涵。

　　祁连山是庞大丰富的巨著，是气势磅礴的大美，自然造化的神奇，丹霞地貌只是这部巨著的冰山一角，但要揭开它神奇的面纱还是一件十分不易的事。

"色若渥丹，灿如明霞"（脱兴福　摄）

"丹霞"的由来

徜徉丹霞景区,人们在欣赏美景之余,常常要问:这一地貌何以名之"丹霞"?

说起"丹霞"的命名,的确是一件令中国人自豪的事情。20世纪以前,地质地貌学一直是西方的专利,诸多流行的地质术语或概念,都由西口方人提出和界定,中国在这方面一直没有话语权。1928年,年仅30岁的地质地貌学家冯景兰首创"丹霞层"的学说,在世界地貌学命名上始有中国人的声音。

冯景兰,1923毕业于美国哥伦比亚大学研究院,攻读的是矿床学、岩石学和地文学。当年回国,从此终生献身于祖国的地质教育和矿产地质勘

｜冯景兰

查事业。20世纪20年代初,积贫积弱的中国,不断学习西方先进经验,其中找矿是最重要的内容之一, 冯景兰回国后投入到中国最早的现代矿床地质工作队伍。1927年,他先后与朱翙声、乐森璕等地质学家共同工作,调查广九铁路沿线地质,这是中国人自己首次在两广境内进行的现代地质调查工作。工作中,他充分注意到第三纪红色砂砾岩层广泛分布。次年秋天,天高气爽,冯景兰跋涉在广东仁化县的丹霞山道上,取

样,测量,勘查丹霞山的岩层发育,面对经风化剥蚀后形成悬崖峭壁和四处奇峰林立的独特景观,他思考着绿色覆盖的这片红色岩层的命名,突然想起故乡河南南召有丹霞山,明代嘉靖年间《南阳府志校注》云:"每至旦暮,彩霞赫炽,起自山谷,色若渥丹,灿如明霞。"于是,灵机一动,就以中国

传统文化的意味来形象命名为"丹霞层"。

六年后,又一位年轻的地质工作者走进了丹霞山,他就是后来享誉地质学界的大师陈国达。当时,他还是中山大学地质系的学生,正把丹霞山红砂岩层研究当做毕业论文的课题来做。经过对丹霞山的全面考察,他写出了《广东之红色岩系》的论文,初步论述了丹霞地貌的概念。1939 年,在完成 1:20 万的江西崇仁——宜黄地质矿产图的同时,陈国达对以宜黄"石拱"为中心的丹霞地貌做了专门阐述。同年,在对广东曲江丹霞山的研究中,第一次提出了"丹霞地貌"的概念。在 1940 发表的《江西崇仁——宜黄间地质矿产》一文中,进一步确立了"丹霞地貌"的概念,即是:"由铁、钙、粉砂质、泥质等胶结的不均匀厚层、巨厚层、层理平缓、节理裂隙发育的紫红色陆相砂砾岩,在内、外力地质作

陈国达 |

用下,发生流水侵蚀、化学溶蚀、风化剥落、重力崩塌等所形成的方山状、塔状、柱状、峰柱状、洞穴、穿洞等形态的地貌景观"。此后数十年间,陈国达一方面从地质理论的角度,详细阐明了"丹霞地貌"形成的大地构造背景、发生发展的历程和动力机制等地貌成因问题;另一方面,又以诗的形式将丹霞地貌的形成机理用科普的语言,介绍给广大民众。如《丹霞地貌成因并贺研究开发》一诗:"丹霞地貌,神州奇葩;峰林如画,誉满东亚。中生代初,地台活化;造山运动,诞生地洼。盆地气热,沉积氧化;三价铁艳,朱赛彩霞。红层平叠,节理垂挂;风化水蚀,雕就秀岜。寨高峡险,赤壁绛崖;金鸡奔马,石拱双塔。众士科研,果硕章华;发展旅游,功报国家。"

丹霞学创世八十多年来,无数志士投身其中,推动中国丹霞研究由崭新学科向成熟定型深入发展,出现了吴尚时、曾昭璇、黄进、彭华等具有学

| 广东丹霞山一景

术奠基性质的领军人物。丹霞地貌的普及也渐渐走进寻常百姓中,2005年,《中国国家地理》杂志举办了一次"选美中国"活动,评选出"中国最美七大丹霞地貌",分别为:广东省韶关市仁化县的丹霞山,福建省南平市武夷山市的武夷山,福建省三明市泰宁县的大金湖,江西省鹰潭市贵溪市的龙虎山,广西壮族自治区桂林市资源县的八角寨、湖南省邵阳市新宁县的崀山(这两处是同一地方),张掖丹霞地貌(甘肃省张掖市临泽县和肃南裕固族自治县),贵州省遵义市赤水市丹霞地貌。中国是丹霞形态最丰富的国家,还有更多奇特的丹霞值得观赏。

2010年8月2日,在巴西利亚举行的第34届世界遗产大会上,中国湖南崀山、广东丹霞山、福建泰宁、贵州赤水、江西龙虎山和浙江江郎山联合申报的"中国丹霞地貌"通过了大会审议,被列入"世界自然遗产名录",标志着中国丹霞地貌又向世界迈进了一大步。遗憾的是,被称为"中国最美的七大丹霞地貌"之一的张掖丹霞地貌,缺席此次申遗名单,最终与世遗无缘。此间观察人士分析,张掖缺席"申遗"更多的是受制于财力不足。据媒体披露,湖南崀山得到3.3亿元的拨款支持承诺,广东丹霞山上报资金支持1.4亿元。如此巨大的投入对经济不发达的张掖而言是个现实难题。尽管如此,张掖丹霞作为我国干旱地区最典型和面积最大的丹霞地貌景观,有着不同寻常的意义,特别是彩色丘陵地貌,与学术界一直持有的"丹崖赤壁"的概念大不一样,可以说是丰富了中国地貌的类型。致力于丹霞研究黄进先生曾多次抵达张掖考察丹霞地貌,他说:"这里是高寒干旱型丹霞地貌的典范,是中国丹霞不可或缺的一个大类。"

　　丹霞是一种沉积红层岩,而红层岩是地球普遍分布的地貌,除南极洲外,各大洲都有红层岩的发现,但是,"丹霞地貌"在国外却很少有人熟悉,即使有些专业背景的人也往往是只闻其名而不得亲见。1991年,由陈传康、黄进等学者发起组织了中国丹霞地貌研究会,汇集了一大批致力于丹霞研究的贤达,为研究丹霞、宣传丹霞、推介中国丹霞发挥了重要作用。

南方的丹山碧水景观 |

北方干旱地区的丹霞地貌

自 1928 年冯景兰先生提出"丹霞层"的概念以来，八十多年的丹霞研究，一批批中国学者"筚路蓝缕，以启山林"，开创了中国"丹霞学"，发掘了丹霞罕见的自然美及丰厚的文化意蕴，为世界地质学、地貌学做出了引人注目的贡献。

丹霞地貌的分类

不论是南方丹霞，还是北方丹霞，最常见的大都以石峰、石柱、石塔、峰林、方山、城堡等形态表现出来，在阳光的照射下，红砂岩熠熠泛光，像披上一件层红色的霞帔。这是人们对丹霞地貌的最直观认知。

为"丹霞地貌"命名的广东省仁化县的丹霞山，也为丹霞地貌的分类提供了参考。因其发育最典型、类型最齐全、形态最丰富、风景最优美，一直是国内外参照的丹霞标本。我国著名地理学家、丹霞地貌研究的奠基人之一曾昭璇在比较了国内外的丹霞地貌之后，认为丹霞山"无论在规模上、景色上"，皆为"中国第一"，"世界第一"。1981年，曾昭璇、黄少敏在《中国自然地理·地貌》一书中，专题论述了中国红岩层的分布、岩石学特征、地貌发育过程和形态特点，对红色砂岩上发育的丹霞地貌总结出方山、奇峰、赤壁、岩洞和巨石等五种基本类型，这个分类被1983年编的《地理学词典》所采纳，成为最早的丹霞地貌形态分类。

然而，各地地质条件有异，丹霞形态千形百状，有艳丽鲜红的丹霞赤壁，也有拔地而起的孤峰窄脊；有仪态万千的奇山异石，也有巨大的岩廊天墙；有优美的丹霞峡谷，也有幽深的峭岩洞穴……这只是形态分类的一部分，还不能涵盖全部。从不同的标准出发，丹霞地貌分类也不尽相同，学者们有的提出以气候因素分类，有的提出以地貌发育阶段分类，有的提出以地层倾角大小分类，有的提出以丹霞尺度大小分类，还有的提出结合两种或三种因素分类，等等，这些观点对丰富丹霞学研究都具有建设性的意义。

近年来，丹霞地貌研究由理论走向实践，再由实践升华到理论，基本定型了丹霞地貌的最突出特点，即"赤壁丹崖"。其形态以黄进先生提出的"顶平、身陡、麓缓"为特征，形成了方山、石墙、石峰、石柱等奇险地貌形态。这里，概括诸多研究成果，主要介绍以下几种与祁连山丹霞有关的型类：

1.崖壁式

这是丹霞地貌最典型的特征，又称"丹崖"，学术界界定为"坡度大于60度，高度大于10米的陡崖坡。"几乎每一处丹霞分布区都有这一类型崖壁，大多是拔地而起的直立陡崖，崖壁上有横向的凹槽或凸起，以及竖向的流水蚀槽。层层叠加的岩层，仿佛可以看到丹霞渐进式积淀的历程。

| 丹崖赤壁

| 方山式丹霞

2.方山式

整个山体呈现方形，四壁陡峭，顶部平缓，精致处形如旧时方桌，雄浑处又像古时城堡。这样规则的山丘周边，必然伴随着一系列不规则的造型，有的像麦垛，有的像粮仓，有的像茅舍，有的像佛塔……它们共同营造了一个神奇的境界。

3.天墙式

在丹霞群峰之上，有时会看到一条长条形山体，像一堵单面墙，横亘于山脊，隔开了两边风光；或者如蓦然拉开的一道屏障，遮蔽了你的视野。从不同的角度观看，这道似墙似屏的山体都会产生不同的联想。

4.石柱式

一根根参天而立的石柱从丹霞崖壁间剥离出来，或拔地而起，或突兀

耸立群峰之上的天墙

| 高耸的石柱

地耸起于岩峰,还有的整个山丘形成一个巨大的石柱,有圆柱形,圆锥形,也有方形或不规则形,高达数米至数十米,民间形象地称为"一柱擎天"。

5.窗棂式

崖壁上多有纵、横风蚀雨淋的纹理,如钟乳石般的泥幕,极似旧时窗子上的花纹,又像冬季窗玻璃上的冰凌花,还有的像一层层密密的森林,犹如图画。

6.宫殿式

陡立的峭壁上呈现若宫殿、若塔影、若层楼、若廊柱之类的建筑状纹理,如同天造地设的建筑艺术;还有的是诸多造型组合成的"神殿"一般的图画,让人恍若进入佛国胜景。

7.象形石

红砂岩在风剥雨蚀中形成拟人、拟兽、拟物类的象形石,凭借人们的

象形石:悟空拜师 |

想象,呈现无穷妙趣。也有整个山体成为一座象形山,气势雄浑地屹立于天地间。

8.峰林式

相连的山峰或石柱,像竞相生长的巨大树木,聚而成林,错落有致。在南方,大多在绿色植被映衬下,红绿相间,色泽艳丽,气势壮观。

9.巷谷式

多为山间峡谷或泄洪沟形成的沟谷,有的长达数公里,有的短短数十米,两壁峭立,曲折幽深,狭窄处有如"一线天",宽敞的地方则如大街小巷。

丹霞巷谷 |

| 平山湖的丘陵状丹霞

10.丘陵式

丹霞地貌初始阶段或晚年期,山体大都呈现平缓的丘陵样式,在高处俯瞰,连片的丹霞丘陵如同一片燃烧的火海,十分壮观。

这里特别要指出的是彩色丘陵,需要澄清的是,它并非严格意义上的丹霞地貌,而是发育在软弱红层上的一种彩丘地貌。彩色丘陵由白垩系(约1亿4550万年前至6550万年前,地质年代中生代的最后一个纪,因欧洲西部该年代的地层主要为白垩沉积而得名)泥岩及砂岩构成,数千万年以来,在热力崩解、流水侵蚀和风力剥蚀下,原来的块状岩石破碎风化,堆积成五彩缤纷的地貌景观。由于没有植被遮蔽,所以呈现出红、黄、紫、灰、白、青等自然色彩。五彩缤纷的色调随山势起伏,波澜壮阔,如同各种颜料泼洒了上去。同时,在彩色丘陵周边还伴有丰富多样的丹霞地貌,这一奇特现象深为地质学家所瞩目。

多姿多彩的丹霞类型,在一个区域内并非独自存在,每处丹霞景区,往往是多种类型的复合体。因其复杂多变,丹霞也更具观赏性。

丹霞与雅丹

丹霞与雅丹,只有一字之差,却是两种不同地貌。雅丹是一种风蚀地貌,也叫沙蚀丘或风蚀丘,是干旱地区风蚀地貌的统称。而丹霞却以水蚀地貌为主,多呈垂直分布,即通常所说的峭壁丹崖。在西北干旱地区,雅丹和丹霞形成的石墩、石柱及奇形怪状的山丘,有不少相似之处,很容易混为一谈。

敦煌西北九十公里外的戈壁沙漠中,隐藏着一座扑朔迷离的"古老城堡",人们称为"魔鬼城"。这里不见一草一木,到处是黑色的砾石沙海和黄色的黏土雕塑,在蔚蓝的天空下,黄色的丘陵呈现各种造型,像宫殿,像碉

雅丹地貌 |

堡,像残垣,像断墙,似真似幻,神秘莫测。呼啸的风穿行其中,演奏着古怪的交响乐,如入恐怖影片中的秘境。这片魔幻般的地貌是目前我国境内发现的最大的雅丹地质景观区,面积约 400 平方公里,南北两"城"相呼应,互为犄角,平地对峙,蔚为壮观。如今已建成敦煌雅丹地貌地质公园,成为丝绸之路黄金旅游线上的著名旅游景点。

大自然鬼斧神工的妙作,赋予"魔鬼城"令人心驰神往的传说。相传,很早以前,这里有一座雄伟的城堡,这里的人们勤于劳作,过着丰衣足食的生活。但伴随着财富的聚积,邪恶逐渐占据了人们的心灵。他们开始变得沉溺于玩乐与酒色,为了争夺财富,城堡里到处充斥着尔虞我诈的争斗,每个人的面孔都变得狰狞恐怖。天神为了唤醒人们的良知,化作一个衣衫褴褛的乞丐来到城堡。他告诉人们,是邪恶使他从一个富人变成乞

冰沟丹霞"古城堡"

被称为"魔鬼城"的敦煌雅丹地质公园 |

丐,然而乞丐的话并没有奏效,反而遭到了城堡里人们的辱骂和嘲讽。天神一怒之下将这里变成了废墟,城堡里所有的人都被压在废墟之下,曾经的城池变成了满目疮痍的断垣残壁。每到晦暗天气或夜晚,风声鹤唳,万马嘶鸣,亡魂便在城堡内哀鸣,希望天神能听到他们忏悔的声音。

从敦煌一路向西,类似"魔鬼城"的地貌景观比比皆是,如塔里木盆地的罗布泊白龙堆、克拉玛依市东北乌尔禾的魔鬼城、吉木萨尔县北沙窝的五彩湾、奇台县西南沙漠中的风城等等,这些景观为古老的丝绸之路上平添了一份神奇。

形如"古城堡"的景观,在祁连山丹霞地貌中也十分突出。梨园河畔的肃南白银乡附近有一条叫做冰沟的丹霞景区,深入山谷,攀登到山顶,远远就会看到一座高耸的山峰,似城堡,似宫殿,似麦垛,似粮仓,各种造型,惟妙惟俏。走近去看,整座山峰如同隔世飞来的"罗马城堡",给人无穷想象。

丹霞的"古城堡"与雅丹的"古城堡"相比,两者异曲同工,都是风和水

| 敦煌雅丹地貌(陈思侠　摄)

数百万年经久不息雕塑的结果,但丹霞的"城堡"一般耸立在高山之上,而雅丹则以戈壁沙漠中的丘陵地带常见。色彩上也很分明,丹霞以褚红色、赭红色或橙黄色为主,雅丹多是土黄色、灰白色、棕色。

"雅丹"地貌的命名是一个"出口转内销"的中国方言。20世纪初,赴罗布泊地区考察的中外学者,在罗布泊沙漠中发现大面积隆起的土丘地貌,当地维吾尔人称"雅尔当",意为"陡峻的土丘"。考察的学者将这一称呼介绍到了国外地学界,再由英文翻译过来,"雅尔当"变成了"雅丹"。自此,"雅丹"成为这一类地貌的专用名称。继罗布泊荒原发现雅丹地貌之后,在世界许多干旱区又发现了许多类似地貌,均统称为雅丹地貌。中国的雅丹地貌面积约2万多平方公里,主要分布于青海柴达木盆地西北部,疏勒河中下游和新疆罗布泊周围。

我国古代典籍中有关雅丹的记载是北魏郦道元所著的《水经注》:"龙

雅丹·孔雀(陈思侠　摄)

城故姜赖之墟,胡之大国也。蒲昌海溢,荡覆其国。城基尚存而至大,晨发西门,暮达东门。浍其崖岸,余溜风吹,稍成龙形,西面向海,因名龙城。"这段话中,郦道元杜撰了一个故事,说"龙城"是古代西域一个胡人大国的遗址,而后又依其形成做了解释,他认为,"龙城"的形成,先是有水拍其岸,然后又经受风的吹蚀,形成如龙的形状,所以称之为"龙城"。今天,人们考证,这里的"龙城"可能是罗布泊的白龙堆——中国最美的三大雅丹地貌之一。这一景观主要发育在灰白色沙泥岩夹石膏层的基础上,土丘一般高一、二十米,延伸并弯曲,每个隆起带长约 200 至 500 米不等,远远看去,就似蜷伏在大漠中的条条白色巨龙。《汉书》也记载,由于白龙堆一带地形险阻,辎重车辆无法通过,为"避白龙之厄",后来新开北道,经伊吾、车师西行,绕过白龙堆,遂使古丝路由两道变为三道。现代交通工具的汽车,在两个小时行程中,里程表只显示了 11 公里的距离,与人步行速度差不了多少，而这11公里路程，却转了186个急弯，平均下来，每两分钟要转三个弯，地形之复杂，由此可见一斑。

至目前，考察发现的雅丹地貌大多分布在干旱沙漠或戈壁地带，其主要特征是风蚀垄脊、土墩、风蚀沟槽及洼地的地貌组合。它的形成，一般要经过长达数十万年至上百万年的历程，并且与风和水的作用是分不开的。雅丹的前身是干旱区的湖泊，由于气候原因，湖泊由盈而枯，在形成历史中往往要经过反反复复的水进水退，这个过程又渐渐发育了上下叠加的泥岩层和沙土层，为雅丹形成物质基础。其后，风和流水轻松地带走疏松的沙土层，却对坚硬的泥岩层和石膏胶结层作用有限。但泥岩层也并非坚不可摧，荒漠区变化剧烈的温差常常产生"胀缩效应"，导致泥岩层最终发生崩裂，暴露出来的沙土层再次被风和流水搬走，地形演变为凹槽状。留下来的泥岩层相对稳固，便呈现出或大或小的长条形土墩。风经年累月地吹着，岩石构成的裂缝逐渐扩大而成为沟槽，沟槽之间又常出现高约数米的垄脊，雅丹地貌的形态逐渐凸现出来。因此，概括来说，雅丹的形成有两个关键因素：一是发育这种地貌的地质基础，即湖泊沉积地层；二是外力侵蚀，即荒漠中强大定向风的吹蚀和流水的侵蚀。

雅丹和丹霞，像西北干旱半干旱地区的一对孪生兄弟，展现了自然造化的无穷魅力，在苍凉的西北大地绽放着奇光异彩。

丹霞与喀斯特

丹霞与喀斯特，也是地貌学上常常混为一谈的概念。

桂林象鼻山、云南路南石林、长江三峡、九寨沟黄龙洞、张家寨盲谷、贵州黄果树瀑布、济南趵突泉……都是著名的喀斯特地貌景区。景观呈现或为峰林、孤峰、丘陵、石芽；或为水洞、斗淋、竖井、盲谷、干谷、洼地、嶂谷（峡谷）、溶沟等。与丹霞相似的奇峰、奇石、溶洞等，很容易被人们误认为

南方喀斯特地貌 |

是丹霞地貌,或把丹霞地貌指认为喀斯特地貌。

有人以岩石的颜色区分丹霞与喀斯特,认为"色若渥丹"就是丹霞,灰白色调即为喀斯特。这种简单的分类并不科学,喀斯特也有红色之相,丹霞不乏其他色调。湖南古丈红石林国家地质公园是独特的喀斯特地貌,石林整体呈褐红色,石柱高大密集,远眺似高墙古堡,近观若古朴雕塑,其下岩溶洼地、地下暗河、天窗、泉水等散布,气象万千。它的岩石成份是紫红色碳酸盐岩为主,在长期的风化剥蚀、溶蚀等地质作用下,形成了红色石林地质遗迹,这是"疑似"丹霞的喀斯特地面。与此同时,还有"疑似"喀斯特的丹霞地貌。位于白银市景泰县东南部的黄河石林,峡谷蜿蜒,峰林如聚,自然造型,千姿百态,石林景观与黄河曲流山水相依,大自然飞扬的神笔,造就了这片刚柔相济的景观。初看其貌,似乎是喀斯特石林,细察其岩石构成,却以橘黄色砂砾岩为主,辅以灰白色泥质岩,是典型的丹霞地貌。

丹霞和喀斯特地貌都有奇特的峰林、峰丛、象形山,因此,类似的地貌

｜云南石林

特征很容易被人们笼统地称为丹霞或喀斯特,事实上并非如此,大自然造就的自然奇观虽有相似之处,但地质构造条件千差万别,有时还得仔细甄别。

祁连山腹地的祁连县有一片石林,就常常被人们误认为是喀斯特或丹霞地貌。这片石林位于距县城约十公里的阿米东嗦(牛心山)景区内,周边群山披绿,松柏丛生,灰白色的石林就处于绿丛之中,当地称"佛爷崖"。成群的石峰在蓝天映衬下姿态万千,惟妙惟俏,有的如罗汉拜佛,有的如菩萨静持,有的如苍鹰翱翔,有的如雄鸡报晓……藏族人形象地称作"直合擦擦",意为108座佛,与信奉佛教的藏民手中念珠的数字是一样的,相传,虔诚的佛教徒还可以看到108尊佛像。山中的牧民路过石林总要下马跪拜,献上哈达等祭品,乞求神灵的保佑。因林立的山石酷似将士出征,藏

黄河石林(王登学　摄)

民又称为"郎个巴图森吉",意为岭国的三十员大将。四季之间,石林景色各异,奇山怪石,青松云海,妙趣无穷。

这是一片由砾岩构成的石林,貌似灰白色峰林的喀斯特地貌,却又不是可溶性岩石构造,属于"假喀斯特"。突兀的峰丛和石柱形如丹霞,形成机理也跟丹霞如出一辙,但没有"色若渥丹"的特征,属于"类丹霞"地貌。

丹霞与喀斯特地貌在景观和成因上有不少类同之处,如山峰造型奇特、色彩鲜艳、以沉积岩为主、都依赖一定的水热条件、风力作用和地壳运动构成等。但两者在岩性、构造、外动力上又有着本质的区别,地貌也有明显的差异。从岩性上看,丹霞以红色砂岩、砾岩或灰色泥质岩为主,喀斯特则是石灰岩一类的碳酸盐岩层。色调上,丹霞偏重于红色、桔黄色,喀斯特则是灰白或灰黑色。外动力上,丹霞的形成主要依靠流水侵蚀、风化剥蚀和重力崩塌,喀斯特的形成则关键在水的溶蚀,是具有溶蚀力的水对具有可

｜祁连山中的丹霞石柱

溶性岩石进行化学溶蚀而形成的地表和地下景观,除溶蚀作用以外,还包括流水的冲蚀、潜蚀,以及塌陷等机械侵蚀过程。丹霞和喀斯特即便是相似的峰林、峰丛、象形山、象形石,岩性不同,成因不同,造就的景观也不相同,丹霞在色彩上比喀斯特丰富靓丽,喀斯特在造型上比丹霞更为奇幻。

漓江喀斯特地貌景观

　　"喀斯特"一词源自前南斯拉夫西北部伊斯特拉半岛碳酸盐岩高原的名称,意为岩石裸露的地方。这种地貌又称岩溶地貌。中国对喀斯特地貌的记载古已有之,宋代沈括在《梦溪笔谈》中记载了石钟乳,并指出其成因。明代徐霞客考察了湖南、广西、贵州、云南等地的喀斯特,仅在桂、黔、滇三省便探查了 270 多个洞穴,成为世界上考察喀斯特地貌的先驱,其著作《徐霞客游记》比欧洲最早的喀斯特著作早两百年。

　　我国喀斯特地貌分布广泛,其类型之多为世界罕见。据不完全统计,我国喀斯特地貌总面积达 200 万平方公里,其中裸露的碳酸盐类岩石面积约 130 万平方公里,埋藏的碳酸盐岩石面积约 70 万平方公里。根据地理分布,总体呈现五大代表性景观:

　　——热带喀斯特地貌。以峰林——洼地为代表,分布于西南地区的桂、粤西、滇东和黔南等地,奇峰异洞、明暗相间的河流是典型特征,如桂林的象鼻山、独秀峰、芦迪岩洞,贵州的织金洞,黔灵山麒麟洞,湖南武陵源黄龙洞等。这里奇观大都由碳酸盐岩、硫酸盐岩和卤化盐岩在流水的不断溶蚀作用下,在地表和地下形成。

——亚热带喀斯特地貌。以缓丘——洼地(谷地)为代表,分布于秦岭——淮河一线以南,峰林、峰林洼地、漏陷地貌发育广泛,地下形成广大的溶洞系统,如云南路南石林、重庆武隆芙蓉洞等。

——温带喀斯特地貌。以喀斯特化山地干谷为代表,地下洞穴一般为裂隙性洞穴,规模较小,地表以溶丘为主。如四川九寨沟黄龙风景区的钙化池、钙化坡、钙化穴等组成世界上最大而且最美的岩溶景观。

——干旱地区喀斯特地貌。因年降水量少,地表溶岩发育不完全,仅在少数石盐、石膏层上因暴雨形成轻微的溶蚀痕迹,地下溶洞极少,但一些规模较大的古岩溶地貌保存长久。在祁连山腹地的冰川附近,常常会看到发育不完全的喀斯特古岩溶地貌。

——寒冻高原喀斯特地貌。青藏高原喀斯特处于冰缘作用下,冻融风化强烈,喀斯特地貌颇具特色,常见的有冻融石丘、石墙等,其下部覆盖冰缘作用形成的岩屑坡。山坡上发育有很浅的岩洞,还可见到一些穿洞,偶见洼地。

与丹霞地貌相比,喀斯特地貌类型显得十分多样,有峰、林、山、谷、湖、石、瀑、泉、潭等,几乎集合了所有自然景观元素。峰林和峰丛高耸于河流溪水之间,造就了"桂林山水甲天下"的胜景;万丈峡谷与大江大河交相辉映,派生出"巫山神女"的神话;平地崛起的石林怪石峥嵘,被人们誉为"天下第一奇观";奇伟瑰怪的溶洞曲径通幽,一洞一传奇,让大文豪王安石惊呼"非有志者不能至";神奇的天坑内别有洞天,催生了"桃花源"般的世外乐土。除此之外,还有玄妙横生的天生桥、飞流直下的喀斯特瀑布、明澈如镜的喀斯特湖……这是造物主送给人们的最美礼物,它们或壮观、或秀丽、或峻峭、或幽深,令文人妙笔升花,让游客如痴如醉。

丹霞奇观的母体

多姿多彩的丹霞地貌,不论是巍峨壮观的峰林峰丛,还是千奇百怪的石柱石堡,其构成都是以红色为主体的砂岩。也是就说,丹霞是脱胎于砂岩这一母体的产物。从古大陆从茫茫大海中隆起时,丹霞就伴随着砂岩的形成一天天成长。

古时候,人们对自然界的认知还未开化,往往借助神话传说对未知领域加以解说,这也是世界上各个民族鸿蒙初开时期的普遍认识基础。关于天地的形成,流传最广的便是"开天辟地"。在遥远得无法想像的年代,宇

红砂岩剖面 |

｜砂岩形成丹霞的节理

宙混沌未开，人类的老祖宗盘古在这个蛋壳样的母体里发育了无数时光，终于成长为顶天立地的巨人，然后，用自己的身体赋予面目不清的地球丰富美丽的形态："头为四岳，目为日月，脂膏为江海，毛发为草木，泣为江河，气为风，声为雷，目瞳为电，喜为晴，怒为阴。"这种"天人合一"的思想，几乎贯穿了中国文化的历史时空，成为中华民族最具生命力的"文化原型"。还有一个"夸父逐日"的传说，也说这位悲情英雄与太阳赛跑，在口渴喝干了黄河、渭水之后渴死途中，手杖化作桃林，身躯化作山岳。自然造物开启了人们丰富的想像力，神奇传说赋予山川大地生命和灵魂，人与自然的关系向来如此微妙。

科学的进步，最终揭开了蒙在自然外表的谜纱。今天。人们已经能清晰地描述这个星球：整个地球不外乎大气圈、水圈、土壤圈、生物圈、岩石

红砂岩峭壁 |

圈"五圈"构成,各个环境圈之间的物质循环和能量交换,让世界丰富多采,生机盎然。

在浩瀚的宇宙中,地球就像一个巨大的容器,岩石圈是这个容器中最重的物质。因为有一系列山岳的存在,这个星球才能保持相对稳定。同时,岩石层储集着丰富的石油、天然气和地下水,也是人类发展所需的矿产的储备层。根据其形成,可分为沉积岩、岩浆岩和变质岩三种基础性岩石组成,每一种岩石又因物质成份不同分为不同的类型。其中,沉积岩是地球表层岩石的主体,约占70%左右,所含有的矿产占全部世界矿产蕴藏量的80%以上。在四十六亿年前地壳形成时期,经过漫长的自然运动,地表形成了沟谷高山、大坑洼地,有了海洋和大气,在风和水的运动下,产生了地理学上常讲的风化、剥蚀、浸溶等地质现象,数亿万年风化的碎屑物和溶解的物质经过搬运、沉积和凝固,便形成地球表层最初的硬陆地——沉积岩。常见的沉积岩有角砾岩、砾岩、砂岩、粉砂岩、泥岩及页岩、石灰岩等,丹霞地貌就是砂岩的一种形态。

　　走近丹霞地貌,仔细看看赤壁丹崖的肌理,或看看脚下散布的砂粒,就会发现,这种岩石不同于花岗岩之类的坚硬,也不同于石灰岩之类易溶,它主要由砂粒、颗粒较细的黏土或粉砂质物胶结而成,是三大类砂岩中的岩屑砂岩(其他两种为石英砂岩和长石砂岩)。这种砂岩的颜色十分丰富,因含矿物质成分不同,可以是任何颜色,最常见的是棕色、黄色、红色、灰色和白色。而丹霞地貌主要以红砂岩为主,地质学上也称之为"红层"。这是以红色为主色调的中、新代碎屑沉积岩,岩性组合以砂岩、泥岩、页岩互层为特征。它的形成需要两个主要条件:一是适宜的古地貌条件,即

｜开凿在红砂岩上的约旦佩特拉古城遗址

内蒙古巴彦淖尔市的乌特拉后旗老虎沟岩画 |

接受碎屑沉积的盆地，沉积盆地多为内陆盆地，也有少量的海滨及海相沉积。二是适宜的古气候条件，即干燥炎热的气候，一方面，岩石风化强烈，可以提供丰富的物质；另一方面，岩石氧化作用强烈，宜于形成红色外观。

因气候和地形条件不同，西北和东南方的红砂岩形态不尽相同。西北地区干旱少雨，多为岩石裸露、干沟纵横的干燥剥蚀状态，如昆仑山、祁连山、阿尔金山等；东南方水量充沛，多发育溶岩类地貌，山岩上覆盖着茂密的植被，峭壁下多有水流环绕，如广东的丹霞山、福建的武夷山等。因此，西北的丹霞地貌雄浑奔放，风化作用下怪石嶙峋；东南方的丹霞秀中有奇，水蚀作用下造型多样。

发育丹霞的红砂岩，实质是一种泥砂岩，构成砂岩的颗粒间隙较大，中间又有微妙的空气层，所以，这种砂岩具有吸声、吸潮、隔热、防火的特性，同时也赋予了一定的透气能力，是一种"能呼吸的石头"。砂岩的这些特殊功能，早在数百年前就为人们所利用，用作建筑的装饰材料，如巴黎圣母院卢浮宫,温莎城堡,美国国会大楼,哈佛大学等。砂岩的颜色偏重于以红、黄为主的暖色,使这些建筑高贵典雅,经久耐用,千百年后还是风采依旧,成为世界建筑史上的一座座纪念碑。近年来,砂岩作为一种天然建筑材料,被追随时尚和自然的建筑设计师所推崇,广泛地应用在商业和家庭装潢上。

砂岩颗粒细腻、质地较软,更是优异的雕塑、雕刻石材。远古时期,游牧民族在山野留下的岩画,多在砂岩崖壁上,或刻画,或敲凿,简陋的生产工具只能适应这种易于雕刻的砂岩。内蒙古巴彦淖尔市的乌特拉后旗有条山沟,蒙语叫"巴日沟",译成汉语是"老虎沟",因一幅"群虎图"的岩画而得名。这幅画凿刻在山沟的一块巨大的红砂岩上,画面由五只浑身条纹的猛虎组成,或卧或立,或嬉戏玩闹,或窃窃私语,各个虎形大小有别,形态各异,上方又凿刻了一些小动物,填补画面空白。这幅巨大的群虎岩画,在世界岩画作品中都是少见的,时隔两千余年,仍然具有强烈的艺术感染力。随着人们生活水平和艺术品味的提高,砂岩雕刻艺术品广泛应用于大型公共建筑、别墅、家装、酒店宾馆的装饰、园林景观及城市雕塑,常见的有砂岩圆雕、浮雕壁画、雕刻花板、艺术花盆、雕塑喷泉、家居饰品、景观雕塑等。经久耐用,使用美观,完全属于绿色环保产品。

红砂岩孕育了令人叹为观止的丹霞奇观,也为人类提供着丰富的建筑材料,但还有许多人所未知的特性有待进一步开发。

风和雨的神工雕塑

亲近山水,莫过于发现的快乐,并把这种快乐与周边的朋友分享。看,祁连山冰沟丹霞景区的这尊"神驼",昂首向南,双峰耸立,仿佛在山野中奔跑了数万年,突然间凝固在了那里;又像是神话传说中被贬下凡的神兽,专候在路边等待它的主人。年年岁岁,历经风雨剥蚀,"神驼"已经形消

石壁上的风雨雕塑 |

骨立,不复当年华彩。十万大山中,诸如此类的物象比比皆是,风吹雨蚀,造就了气象万千的山石奇观。

　　风和雨,这一对相生相伴的自然现象,像是两个性情乖张的孩子,要么和风细雨,降福人间;要么狂风暴雨,祸害一方。它们是山川大地的造型师,也是生态自我平衡的调节器。没有风雨,就没有大自然多姿多彩的万象;没有风雨,就没有四季的冷热寒暑。但它们无影无踪,自由任性,来去无常,任谁也无法降服,无怪乎古人赋予了风婆、雨伯的传奇。

　　最早记载风和雨的神话传说的是《山海经》,这里说,有一位北方神人,人面鸟身,生有双翼,头部两侧珥有双蛇,双足还各踏一蛇,形象怪异神秘。这就是传说中的风神、水神和瘟神,名叫禺疆。他是黄帝之孙,统治北海,驾驭着风传播瘟疫,如果刮起西北风,人畜将会受伤,所以西北风也被古人称为"厉风"。这是人们对自然现象无法解释时的一种神力崇拜。

　　风和雨,是自然界不停运动的结果。运动,是整个地球天长日久的内在因素。今天,我们已经知道,地球有公转和自转两种运动形式,一个人站在地球赤道上,即使一动不动,每天也大约要随地球运动2.5万英里,"坐地日行八万里,巡天遥看一千河"就说的这个道理。正是由于地球的运动,在人看来,没有固定连结的大气像是在流动,因而产生了风。但由于太阳的存在,风的运动情况更加复杂。太阳照射着地表的不同区域,空气受阳光的照射后,就造成了有的地方空气热,有的地方空气冷。热空气比较轻,容易向高处飞扬,就上升到了周围的冷空气之上;而冷空气比较重,会向较轻空气的地方流动,于是空气就发生了流动现象,这样就产生了风。雨的形成主要是因为地面上的水受热,蒸发为水蒸气,并在空中降温,以小灰尘为核心凝结成含有小水珠的云。水云越积越大,大到空气无法承受时,就会掉到地面,也就是我们所说的降雨。

　　风雨无意,山水有形,丹霞景观便是风和雨的杰作。经过沧海桑田,山峰高耸，盆地下陷，丹霞还掩藏在山体内核，但经不住风雨经年累月、日夜不休地吹打和剥蚀，一层层剥开包裹在丹霞外层的土壤、植被，一点点把红砂岩雕刻出新的造型。

譬如祁连山中的梨园河峡谷：从张掖至肃南的公路走去，远远看上去，山峰筋骨裸露，造型突兀，万象丛生。渐近，丹崖峭壁上如开画屏，展开了一幅天然的山水画卷；路两旁的山上石柱、石堡、像形石四处林立，细细揣摩，有的像猿猴登高远眺，有的像苍鹰展翅欲飞，有的像骏马奋蹄奔腾，有的像神龟探出水面，有的像猛虎仰天长啸，有的像将军临阵指挥，有的像信徒参禅拜佛……光秃秃的山石，却因为这些奇峰怪石别有情趣。

然而，亿万年前，祁连山形成的时候并非今天这个样子。那时，山上草木茂盛，百花争艳，珍禽异兽，遍布山野。但随着气候条件的变化，西北越

风雨留痕 |

| 石 笋

来越干旱少雨,祁连山渐渐失去了华丽的外表,山石裸露,形态嶙峋。有一则传说故事,讲天地始成,各路神仙归位,有一天,西方主管风雨的天神打了个盹,风和雨乘机溜出来,降临到祁连山上方,想比一比谁的威力更大。风张开强劲的翅膀,挟着飞沙走石,横冲直撞,猛烈地向山峰发力冲击,顿时摧枯拉朽,草木凋零,一片狼籍,山峰被削得参差不齐,怪石林立。风停歇后,雨又接着发威,顷刻间雷鸣电闪,天地失色,大地水流成河,山谷间泥沙翻滚,山峰崩塌,万木萧索。风和雨胜负难分,但已惊动了主管风雨的天神,将风和雨收了回去,而风和雨争锋的结果却无法修复了,就形成了今天看到的样子。

这个传说形象地描述了造就祁连山地貌的历程,特别有意思的是突出了风和雨这两个关键因素。说到底,祁连丹霞的形成就是风和雨共同作用的结果。雨水与空气中的二氧化碳发生化学作用,形成一种含有酸性的物质,这种物质对山石有浸蚀作用,渐渐消解了红砂岩中较软的部分,然后,雨水汇流,像一个勤勉的搬运工,搬运走泥沙、砾石细粒,显露出坚硬的山石,而砂岩又在这种运动中渐渐屯积,加固,再胶结,经过数亿万年时光的集结,慢慢积累成山。在水流搬去沙石的过程中,也切割出一条条沟壑峡谷。风也加入到这种改造运动中来,日夜不休地吹拂、摩擦、雕刻,一边带走山体上松软的细沙碎石，一边切剥出千姿百态的岩峰、石丛、方山、怪石等。在亿万年的漫长岁月中，风和雨不急不缓、反反复复地精心雕琢着丹霞的容颜，把它们的杰作呈现于无人问津的山野间。

研究丹霞地貌的先驱、八十高龄的陈国达先生1992年应邀考察湖南崀山，写下七绝《崀山胜景成因》，形象地解说丹霞的形成："崀山盆地展红层，造就峭壁与陡峻；借问谁

风雨剥蚀的洞穴 |

家施技巧，坚岩水蚀顺裂崩。"这里说的是南方丹霞的形成，突出了水蚀作用。对于任何一片丹霞来说，风和雨的雕塑永远没有完成时，丹霞地貌一直处于生长发育中。如果有心的话，你走近那些红色的山岩看一看，那上面肯定会留着风和雨清晰的足迹。

祁连丹霞形成的原动力

祁连山的丹霞地貌，集中了丹霞的婴儿期、幼年期、青年期、晚年期等各个时期的类型，特别是北麓中段的张掖市境内，沿着梨园河谷一路走过去，河谷两侧的山岭几乎就是一座丹霞地貌陈列馆，还有国内外罕见的彩色丘陵地貌，粗略估算，面积达三、四百平方公里。偌大的祁连山，上苍为何偏爱河西走廊中部的张掖，在这里形成偌大的丹霞地貌呢？

也许导游会为你讲述有关这片丹霞的种种传奇，但地质构造的形成

| 祁连丹霞与绿洲盆地比邻，见证着造山运动的奇迹

总有它天然的原由，不是想当然的传说能够解释。

要理清这个因果，还必须借助一些枯燥的地理概念。从地形上看，张掖是仅有的中国地貌三大阶梯聚集于此的城市。南面的祁连山脉为中国地形第一阶梯与第二阶梯的分界线，张掖处于祁连山北麓，承接了青藏高原和内蒙古高原的过渡分界段，整个地貌自南向北分为祁连山山地、中部走廊盆地和北部山地三大区域，海拔从 5547 米，降至 1200 米，跨度之大，涵盖三大阶梯所有地形地貌。加上水热条件差异，由此产生了复杂多样、变化无穷的地貌景观：河流、湿地、绿洲、沙漠、戈壁相间分布，冰川、雪山、草原、丘陵相映成辉，既能看到雄浑壮观的北国景象，又能感受秀丽清新的江南风韵，正如罗家伦诗云："不望祁连山顶雪，错将张掖认江南。"在这里，全长 928 公里的中国第二大内陆河黑河贯穿张掖，在广袤戈壁间形成了连片的湿地,成就了戈壁大漠中繁荣的绿洲盆地,自古以来,曾有无数文人墨客咏赞叹这片多姿多彩的绿洲为"金张掖"、"塞上江南"。

仅就丹霞地貌而言,张掖南部的祁连山山地丹霞遍布,而与之相对的北部合黎山中也有数百平方公里的丹霞景观,两者之间直线距离不过六七十公里。合黎山中的丹霞地貌,面积之广袤、色彩之丰富、造型之奇特,也令观者惊叹不已。丹霞地貌这样集中、多样地呈现于张掖绿洲盆地两侧,更加让中外游客称奇。

考察国内外红层地貌的成因就会发现,这类地貌一般发育在内陆盆地和湖泊周边。祁连山和合黎山在河西走廊盆地的隆起,正好印证了这个地质构造学说。新生代第三纪(约2500万年前),这里还是浅海地带,大部分陆地都沉浸在水面以下,后来受到喜马拉雅造山运动的影响,地壳上

丹霞、彩色丘陵与绿洲地带交错分布 |

| 从万顷群山中脱颖而出的丹霞

升,形成了一个大湖泊盆地,变动不居的造山运动仍然在缓慢进行,抬升,下沉,崩塌;再抬升,再下沉,再崩塌,地壳运动反反复复地改造着地质构造。这个过程中,有的地方下切为盆地,有的抬升为陆地,有的隆起为山丘。露出水面的岩层,在炎热气候的作用下,又使富含铁质的沉积物强烈氧化,形成紫红褐色岩石。随着时间的推移,盆地边缘因洪水冲刷,堆积的红层物质越来越厚,洪击和冲击形成的砾岩、砂岩、砂砾岩与湖水堆积的粉砂岩和泥质岩却移向盆地中心, 这也是今天在河西走廊看到的戈壁沙漠的由来。祁连山和合黎山的红层地貌也是这一时期初见端倪,依地质构造推测,这两大片红层地貌就是今天张掖古盆地最先露出水面的边缘。

地壳运动初步造就了山川大地的轮廓,但丹霞层仍如一个初生婴儿,看不清眉目,还要在漫长的时空中进一步发育。在长期的流水侵蚀和风力剥蚀下,松软的沙石被搬运,坚硬的部分留了下来。水和风像两个顽皮的孩子,继续不断地掏空岩层,使山体发生了崩塌和下切,形成了峡谷和悬崖峭壁。风和流水继续充当搬运工和雕塑师,它们让沙石重新组合,重新布局,在远离流水的地方,风和水把砾岩、砂砾岩搬运过去,组合成夹砂岩;盆地边缘的地方,又把细碎岩石搬运过去,渐渐堆积和胶结,其中铁质、硅质胶结的砾岩、砂岩比较坚硬,形成厚积的红层地貌。千万年的堆积,使这一地层越积越厚;风吹雨淋,造就峥嵘气象。今天,我们从祁连山和合黎山丹崖赤壁上可以看到的粗细相间的沉积层理,颗粒粗大的岩层是"砾岩",细密均匀的岩层是"砂岩",这都是中生代侏罗纪至新生代第三纪沉积形成的红色岩系,距今2500万年以上。

祁连山地的科考报告也证明了这一地质构造的状态。早在20世纪50年代后半期,中国古生物学和地层学的奠基人杨遵仪带领祁连山地质

平山湖丹霞群 |

科考队,研究了该区的二叠——三叠纪腕足类,认为这些软体类应该是中奥陶纪的产物,随着中奥陶纪海侵的广布,软体类散布于生态条件特别适宜的地方。21世纪初,甘肃和青海分别组织了科考队,再次对祁连山南北麓地质地貌进行了考察,更为具体地细分了各段地质构造情况,得出的结论也跟杨遵仪先生的差不多,每个段上都有海洋类古生物的遗迹。今天,行走在彩色丘陵景区,如果细心去观察,就会发现那些风化了的泥质岩碎屑中存留着诸多古海洋时代的信息,有植物的茎叶,也有动物的化石,还有层状的湖底胶泥,这些都有力地实证着张掖盆地和祁连丹霞形成的过程。在浩茫的自然变迁史面前,人类的历史只是一瞬间,我们所看到的也只是冰山一角,只有那些屹立的山岩,千年万年地静守着在那里,见证着丹霞奇观的陷落和新生。

大自然以大开大合的气势,造就了这片丰富奇特的沃土,从祁连山海拔五千多米的雪峰到海拔一千四百米的张掖盆地,这种地貌在全球都是罕见的。如今,张掖市自称为"地貌景观大观园",如果从景观的丰富性和悠远的历史时空来看,天地造化的这片神奇大地,的确担得起这一称誉。

丹霞的年轮

任何事物都有成长发育的历程,丹霞也不例外。它有孕育,有出生,有成长,有青年,有壮年,也有老年,每一个阶段长达数亿年、千万年,人的一生与之相比,简直是刹那间的事。

大约亿万年前,形成丹霞的红层砂岩开始生成,在地层深处,像一个小小的胚芽,慢慢地从众多岩石中分化,积淀,越积越厚,成为塑造丹霞的母体。这是丹霞的孕育阶段,其过程要历经千万年。

经过了漫长的孕育期,千万年前,红层砂岩渐渐露出地层,像襁褓中的婴儿,虽然初具面目,但看不出怎样的风采,也称不上景观奇特。

正在形成中的丹霞

　　然后,丹霞日夜兼程,向未来前行。风吹着,雨淋着,在风风雨雨中,部分红色地层发生倾斜和舒缓褶曲,红色盆地抬升,流水向盆地中部低洼处集中,沿岩层垂直节理进行侵蚀,形成两壁直立的深沟,称为巷谷。这便是"少年初长成"的丹霞。祁连山中最典型的"青年丹霞"是钻洞沟,这里石壁峭立,一条条"巷谷"像是大街小巷,深入其中,如同穿行在上古时期的历史隧道中。武夷山的泰宁世界地质公园,被称为是青年丹霞之典范,这里以"最密集的网状谷地、最发育的崖壁洞穴、最完好的古夷平面、最丰富的岩穴文化、最宏大的水上丹霞"而著称,莽莽林海间,沟谷连绵,丹崖高耸,进入其间,山峡曲折,洞穴遍布,蔚为壮观,环绕丹霞的大金湖碧波粼粼,泛舟湖中,如在画中游。泰宁丹霞的秀美独特,集丹霞生长期的万千情态,被列为2008年中国申报世界自然遗产的重点科学考区,因而,国内外地质界将这片丹霞风光形象地称为"中国丹霞故事开始的地方"。

　　如果说青年时期的丹霞还是一种个性模糊、浑然一体的景观,那么壮年期的丹霞便个性张扬,多姿多彩。国内最典型的要数福建龙岩市连城县的冠豸山。这座山屹立在连城县东郊,"平地兀立,不连岗自高,不托势自远,外直中虚,方圆四十里。"它和武夷山同属一条山脉,被誉为"北夷南豸,丹霞双绝"。冠豸山是典型的单斜式丹霞地貌,山峦主体为壮年早期典型,七十余处巍峨的丹霞石墙群、六十余处丹崖赤壁,还有十分狭窄的巷谷、奇特的单面山峰及水蚀沟槽和天池等,展现了绝妙的自然景观。有人诗赞:"疑是仙家聚宝盆,添山设水置乾坤。武夷秀色漓江美,都向连城壁内存。"桂林市资源县的八角寨,也是一处令人惊叹的壮年丹霞景观。这里以高大圆顶、密集式丹霞峰丛为突出特征,奇峰突兀,峰林并立,林木葱茏,山花烂漫;若遇云雾弥漫,整个山间如同仙境,群峰像露出海面的巨鲸,随着云雾翻腾,或隐或现,神秘莫测。2008 年 9 月,国际申遗专家、新

| 年轻的窗棂状丹

青年丹霞

西兰的保罗·威廉姆斯教授在八角寨考察评估时,感慨地说:"当我站在寨顶的时候,顿生一种一见钟情之感。那具有强烈视觉冲击力的景观,让我毫无疑问地认为,这个地方具有极好的令人震撼的优美景观。"

这就是壮年丹霞的魅力。它的形成是青年丹霞巷谷崖麓上基础上,由于水流侵蚀,造成赤壁崩塌,崩塌后的堆积物呈锥形不断向上增长,覆盖基岩面的范围也不断扩大,形成一个和崩积锥倾斜方向一致的缓坡。有的地方,崖面崩塌后,山顶面范围逐渐缩小,在风雨剥蚀下,露出古城堡状的残峰、石墙或石柱等地貌。祁连山冰沟丹霞景区的"罗马城堡"、阴阳石等景观,即是壮年丹霞的常见景观。

光阴无情催"山"老。尽管山脉的衰老是缓慢的,但在风刀雨箭的催逼下,丹霞还是会一点点老化。那些壮年时期个性张扬的峰林、石堡、石墙和

晚年丹霞

石柱等,历尽沧桑后,多数都崩塌夷平,仿佛返老还童,丹霞山体变得跟幼年期一般平缓,只剩下若干未曾蚀尽的残丘孑然耸立,如孤独的老者,静守在大山之中。一些红色砂砾岩风化后,有不少石灰岩砾石和碳酸钙胶结物,被水溶解后常形成一些溶沟、石芽和溶洞。地质界评价老年丹霞中的奇观是江西鹰潭市贵溪县的龙虎山。这座山因洞天福地的道教名山声名远扬,据记载,天师道第一代天师张道陵曾在龙虎山结炉炼丹,"丹成龙虎见,由因以名"。这里是我国丹霞形态最丰富的地方,由于水流亿万年的冲刷侵蚀,形成了丹霞方山、石墙、石梁、石崖、石柱、石峰、峰林、单面山、巷谷、天生桥、穿洞、岩槽、水蚀洞穴、竖状洞穴、蜂窝状洞穴、石门、象形石、天然壁画等二十多种形态,相比于壮年丹霞的雄奇壮观,龙虎山山石离散,峰林状突出,地形高差较小,总体显得秀美清爽。施耐庵在《水浒传》楔子《张天师祈禳瘟疫,洪太尉误走妖主人魔》中,以出神入化的语言描述过龙虎山景观的奇妙:"根盘地角,顶接天心。远观磨断乱云痕,近看平吞明

丹霞初成的巷谷

月魄。高低不等谓之山,侧石通道谓之岫,孤岭崎岖谓之路,上面平极谓之顶。头圆下壮谓之峦,藏虎藏豹谓之穴,隐风隐云谓之岩,高人隐居谓之洞。有境有界谓之府,樵人出没谓之径,能通车马谓之道,流水有声谓之涧,古渡源头谓之溪,岩崖滴水谓之泉。左壁为掩,右壁为映。出的是云,纳的是雾。锥尖像小,崎峻似峭,悬空似险,削磁如平。千峰竞秀,万壑争流,瀑布斜飞,藤萝倒挂。虎啸时风生谷口,猿啼时月坠山腰。恰似青黛染成千块玉,碧纱笼罩万堆烟。"这里一一罗列的山、岫、峦、穴、岩、洞、峰、涧等,恰是今天丹霞地貌的种种形态。

丹霞在成长中尽显风流,也在不断轮回中创造新的生命。老去的丹霞崩塌了,风化了,但红砂岩的根在,它又在漫漫岁月中孕育着新一轮的生长。

下 编
山野奇观

梨园口：赤壁上的风雨雕

梨园口，是进入祁连山腹地的一个峡口。公路依山傍水，从山口抵达山腹的肃南县城，硬是把祁连山撕开一条裂缝，透出了山的五脏六腑。晴

｜梨园口

形如石墙一样的峭壁 |

朗的天气,透过犬牙交错、起伏连绵的群山,可以清晰地看到皑皑雪峰;天气阴晦时,淡紫色的雾岚袅袅缭绕,突兀的山峰或隐或显,让人直疑是神府仙苑。重重叠叠的山峦,隐藏着多少神秘啊。

在梨园口的入口处,一侧起伏绵延的大山嘎然中断,断口横截面整齐得像刀斫剑劈一样,当地人把这座山形象地称为"断山"或"刀山"。提起这"断山"的由来,民间流传着一个神奇的传说。在很久以前,祁连山北麓有两条东西相距很远的山梁,两山之间的巨大豁口形成了一个天然进风口,把当地肥沃的土地吹得干裂,地力匮乏,农作物收成骤降,当地老百姓深受其害。乡亲们把这一切遭遇都归结于这个巨大的豁口,决定要把这两座山连接在一起,试图阻挡风沙和野兽的侵袭。于是,他们就杀鸡宰羊,祭拜山神、土地,祈求神灵护佑。他们的勤劳善良和诚心感动了当地的土地、山

| 梨园口的丹霞地貌

神,两位神灵奏明天帝,天帝传旨让山神、土地两位神灵帮助百姓填补豁口,为下界众生消灾除难。一天清晨,山神、土地两位神灵各挑着一座山正准备合拢,堵住峡口。这时,恰巧有一村姑出门挑水,她猛一抬头,看到这两座山在晃晃悠悠移动着,即将合拢在一起了!村姑被眼前的一幕惊呆了,失声喊道:"快来看啊,两座山往一起跑呢!"人们纷纷跑出家门来看。由于村姑一语道破了天机,本来可以合拢的两座山,一下子停留了下来,形成了一条狭窄的豁口,永远无法愈合在一起,留下了神奇的断口峭壁。

其实,峡谷的形成,是亿万年造山运动留下的遗迹,也是水流经久不息冲蚀的结果。山峡口两边陈列的山峰呈赭红色或棕红色,形态万千,山势峥嵘,更奇特的是裸露的山体断面,一部分向东倾斜,一部分向西倾斜,酣然大醉般,毫无规律可寻。面对这样的山势,可以想见轰轰烈烈、反复无常的造山运动中,这些山体经受了多少次迭宕起伏的折腾,每一次运动都毫不修饰地写进山的皱折里。

从断山口进入张掖丹霞地质公园的路侧,山丘像一个"丁"字形楔子,从山腹中延伸过来,直插进农田,高耸的丹崖峭壁上,有一种景观引人入

层 林 |

胜。驻足望去,崖壁仿佛是一幅幅巨大的泼墨山水画,有森森林木,有庄严庙堂,有小桥流水,有层峦叠嶂,有烟雨笼罩……绵延数里,步步有景。之后一段又变成了雕塑,一根一根似树木、似建筑的红色石笋依傍崖壁生长着,有着可以触摸的质感。细细揣摩,每一幅画面似乎都神奇地再现着世间万物,有的如宫殿佛堂,层楼清晰;有的如巍峨云峰,形态飘逸;有的如丛林掩映,屋舍俨然;有的如孤峰兀立,林木繁茂;有的如涧水潺潺,流注如斯……特别是夕阳西下,回光返照在峭壁上,画面色彩鲜艳,分外妖娆。一位擅长丹青的朋友看到过后,惊叹道:"人间奇景天作成,纵有雄心难描摩,真是很难企及的自然神韵。"

丹霞研究的专家黄进教授形象地把这种形态的丹霞称为"窗棂状宫殿式"丹霞,也有人称之为"丹霞壁画"或"风雨雕塑"。总之,这样宏大的天然画卷,的确是鬼斧神工的杰作。

| 梨园口的大红山

　　这种丹霞的形成与西北独特的自然气候有关。干旱容易导致岩石风化，而骤雨又重新塑造山岩。断山口崖壁近乎垂直，经常受雨水浸蚀，崖壁风化的泥岩被水流逐渐冲刷，形成竖直而下的沟壑，在凸凹不平的岩面上层层固化，因而留下犹如树木、宫殿、楼宇、山水等图案。加之崖壁自然纹路装饰，便构成了"山野风林"的壮美景象，"壁画"景观与山脚下的树林、农田相辉映，亦真亦幻，亦庄亦谐，大有"横看成林侧成峰，远近高低各不同"的意趣。

　　对面是临泽县倪家营乡的红山湾村，绿树掩映的村庄窝在一片丹霞的臂湾中。当地把这山叫大红山，远远看上去，山体以深红色为主，如同凝固的鲜血，与之相衬的灰白、棕色也格外醒目。在猎猎西风经年拂掠下，山峰被削切成一个个尖锐的锥体，细细察看，奇形怪状的山石呈现出变化莫测的情态，有的如旅人远眺，有的如猕猴蹲踞，有的如灵龟探海，还有多个造型组合成一幅有人有物的画面。也有圆润的丘陵状山体、波浪般起伏的山脊。山下,是大片的戈壁;再远处,隐约可以看到城市的轮廓。诸多画面组合在一起,如不同风格的雕塑家的作品在同一个舞台共展,给人一种奇异的审美刺激。

这就是刚进入祁连山丹霞留给我们的第一感觉。

穿行在梨园河峡谷,两边的整个山体都是一座绝好的丹霞地貌陈列馆。对峙的山峰,阳坡赭,阴坡褐,赤裸裸的筋骨,棱角分明,浑厚中透出峥嵘峭拔之势,奇险中呈现着万象森罗之美。渐进深处,道路倚山延伸,赤壁陡崖时而耸起一侧,驻足仰观,进入视野的画面让人时有惊叹,时而凝思,有的如金刚罗列,有的像侍女玉立,有的似猛虎凝神,有的若鹰隼展翅……调动艺术的感觉来发现,会给人无穷的想象。隔着河,远眺对面的山体,则又是另一番感觉,那些欹侧的山峰,像是一群奔跑的猛兽,是什么力量,使它们蓦然间凝固为瞬间?那突立于山巅之上的石雕,初看时像伟人屹立于天地间,扣问苍茫大地,换一个角度则又像童子拜观音,再换角度,却如同《西游记》影视剧中唐僧师徒四人在一起的某个情景。那些犬牙交差、万头攒动的山峰,则像埋伏着千军万马,让人很容易联想起西路军浴血祁连山的那段悲壮历史。

梨园口地带曾是红西路军浴血奋战的地方。1936 年 10 月,由红四方面军五军、九军、三十军两万一千多人组成的红西路军开始征战河西走廊,欲图打通西线,与苏联红军汇合。然而,进入河西走廊后,以马步芳、马步青为首的"二马"兵匪并非预想中的不堪一击,经过长征还未来得及休整的红军衣单体弱,弹缺粮乏,供给不足,面对马匪十倍于红军的兵力围攻,战争不平等地展开。后期,西路军指挥部设在梨园口前的倪家营,布防于 43 个屯庄。昼夜不停地行军、战斗过,疲惫不堪的将士们,一面是严寒饥饿的威胁,一面是凶恶残暴的敌人,所面对的困难比翻雪山、过草地要

| 红西路军梨园口战役遗址

艰难数十倍。倪家营失利，红军突围到梨园堡，敌人也尾随而至，便在这方园数十里的山前山后展开了激战，二十四岁的红九军军政委陈海松率领700多人扼守梨园口，与敌人拼杀了六、七个小时，击退了一次又一次的进攻，争取了时间，使总部和兄弟部队安全转移，最后不幸中弹牺牲，一位年轻有为的军事天才还没有来得及施展抱负便长眠于河西走廊。妇女独立团的部分女战士女扮男装，投入战斗，大部分也在这里遇难，我军历史上第一个女兵建制的兵团就此消逝。

梨园口，这段浸润着西路军将士鲜血的丹霞地貌，就这样悲壮苍凉地走进历史，走进后世子孙的景仰之瞳。这是一段殷红的历史，也是一帧山水长卷，它让你凝重，让你纯净，也让你升华。

南台子：遗落人间的七彩壮锦

南台子是张掖至肃南公路边的一个村子，地处祁连山梨园河峡谷，面对丹霞山群，背靠彩色丘陵。

因为有斐声国内外的彩色丘陵，让这个不起眼的村子成为一个景区地标。

这里，就是中国丹霞地貌旅游开发研究会终身名誉会长黄进教授和兰州大学陈致均教授共同提出"彩色丘陵"这一地貌新命名的地方，也是彩色丘陵与丹霞地貌的复合区。

过去，人们常常把彩色丘陵与丹霞地貌混为一谈，其实，它是不同于丹霞的另一种观赏性极强的地貌。

南台子观景台一景 |

｜大扇贝

　　进入景区,首先跃入眼帘的是一大片色彩斑斓的山脉,红、黄、蓝、白、黑、橙、青,色彩饱满,落英缤纷,让人直叹"赤橙黄绿青蓝紫,谁持彩练当空舞。"极目山峦,几乎是色彩的堆涌,是壮美的组合,梦幻般的色彩恣意铺张,在天地间泼洒出巨幅油画。有人戏称,这是上帝不小心碰翻了调色板,五颜六色倾注山野。张艺谋以此为背景导演的电影《三枪拍案惊奇》播出后,观众看到小沈阳扯着粉红的衣裳孤零零跑过五彩斑斓的山峦时,都被这一景观惊呆了,一时间,网上舆论哗然,许多网友留言:"老谋子真是大手笔,为了追求视觉效果,把一座山都用颜料染出来了。"张掖有关部门的工作人员紧急在网上辟谣:"这是国内唯一的丹霞地貌与彩色丘陵复合区,并非颜料染成,而是天然的、原始的景观。"

　　这片彩色丘陵面积达50多平方公里,包裹在祁连丹霞地貌中间,是亿万年地质运动的结果。远古时期,彩色丘陵地带地带是一片湖泊或沼泽,在湖泊沉降过程中,动植物腐败质沉入水底,每个时段沉积在水底的物质有所不同,这样,湖底便有了不同物质的沉积层。在造山运动中,原来的湖底断裂挤压隆起为高山,由于长期风化和氧化,不同的物质发生了不同的化学反应,由于没有植被覆盖,便呈现出现在五颜六色。也有人说,因为岩石的化学成份不同,在光线照射下,呈现不同的色泽,铁质岩呈红色,锰质岩呈黑色,泥质岩呈灰色,菱质岩成棕色,火山岩呈橙黄色,砾质岩呈青色,依次类推,山体呈现出不同的色彩,为人间展示出一片奇绝壮观的画卷。作家杨献平在《祁连丹霞》一文中描写到:"赤红如大火熄灭之后的惨烈炼狱,鲜红如绵长地毯,绛红如温情传说,紫红如奋不顾身的爱与绝望,大黄色如灿烂之光芒。"

进入南台子景区,一眼看到的是南边的"大扇贝",在红、黄为主的色彩映衬下,一片灰白色的山包格外引人注目。这些相连的山包都呈椭圆状,像一个个巨大的扇贝,整齐地排列着,那种椭圆的造型十分优美,即使高明的雕塑师也不一定能想像得出来。登上一号观景台,从上往下看,灰白色的"扇贝"又在其他色彩的映衬下呈现出别样风情,从不同的角度看会有新奇的发现,仿佛高人羽化登仙留下的遗迹,又似刚刚从大海中出浴的贝壳;更远处,一处高耸的丹霞方山,如同一座"古堡",与彩色丘陵相辉映,令人遐想联翩。

这时,更多的人会把镜头对准另一边——万顷碧波般的五彩丘陵。从高处的观景台俯瞰,彩色的群峰匍匐着,起伏着,远处、近处,山丘像是泼洒了油彩一样,红、黄、青、白、黑等各种颜色波浪般起伏,几乎是一片色彩的海洋,又似燃烧的火海,这"火势"一直向深山蔓延,妖娆多姿,神奇壮观。每一种颜色呈现一种层状分布,多种颜色叠加上去却又不混同,像染色均匀的布匹。如是朝晖夕照下,山体的反光映照得每个人浑身都红彤彤的,大家都会"红光满面",相视而笑。游客们不用刻意去对焦取景,随意按下快门都能拍出一片美景,即便是一个不懂摄影的人,也能随意留下美好

｜七彩屏

的记忆。

　　沿景观道拾级而上，有两处彩色丘陵与丹霞地貌结合的复合型景观，一处叫"众僧拜佛"——红色砂岩的崖壁下，一群突起的峰林状石包匍匐着，而上面的山崖恰似一尊卧佛，头部、胸部、肢体、手臂都恰似睡着的人像，那些峰林状的造型就如同顶礼膜拜的僧众了。另一处是"灵猴观海"——远处一块形如猴子的石头蹲踞山顶上，下面是一片碧波荡漾的彩色丘陵，它正在睃巡万顷碧波呢。这里，丹霞地貌与彩色丘陵两者自然过渡，自然衔接，形成别有情趣的山野景观。我们不知道彩色丘陵与丹霞地貌之间究竟有怎样的内在联系，但两种景观在同一地质构造层的存在，它们之间肯定有相似的生成原因。

　　随观光车到了二号观景台。一边，是一座高耸的独立山丘，色彩红黄相间,有台阶直通山顶,称作"云端顶",如果有兴趣,你可以登到高处,一览群山,体验万象入怀的的壮观。另一边是"七彩屏"——红、黄与桔红相间的彩色纹络包裹着山丘,像一道立体的自然壮锦立在路边。下午四、五点钟是最好的观景时光,斜晖斜照在彩屏上,色彩格外鲜艳,像被阳光洗过一样,似乎能感受到彩色丘陵的脉搏跳跃。再往前行,路边的"夕晖归帆"、"仙女醉酒"也同"七彩屏"一样,强烈的色彩映照得眼睛都疼,但对摄影家来说,却是美妙无比的感受。有一个摄影的朋友在这里搞过一场婚纱摄影,让穿白色婚纱的新人融入这片红、黄相间的背景中,看上去十分温馨。别具匠心的设计,也许会让一对新人留下终生难忘的记忆。

再往前,是一片称为"刀山火海"的景观。这里是张艺谋拍摄《三枪拍案惊奇》的外景区,至今还保留着电影中的场景"麻子面馆"——一座仿明清的建筑,面对一片火红的丘陵,称为"刀山火海",的确很形象。高处的山

刀山火海

脊如同一把大刀,东西向横亘着,下面是如火如荼的彩色丘陵,山是静态的,而感觉是却是彩色的浪潮滚滚涌动,视觉不同,感受不同,远近高低,各有情趣。每当朝阳初升或夕阳西落,山体映在阳光里,色彩分外明丽,如仙女身披金缕玉衣,熠熠泛光,让人如置仙境,惊叹不已。站在山脊上,一边是绿野包裹的村庄,一边是翻涌的色彩海洋,一极远古,一极现代,有一种洞穿时光遂道的感觉,在这对比中,很难一下子把两者对接起来。

登上高处的山丘,放眼望去,南台子彩色丘陵周边还有丰富多样的丹霞地貌相伴,有的呈方山状,似万古城堡;有的石柱耸立,似守望万年的使者,有的峰丛林立,似石化了的森林……这些景观,在彩色丘陵的映照下也黯然失色。

南台子彩色丘陵以独具魅力的景观品质赢得世人好评,2009 年被《中国国家地理》杂志《图说天下》编委会评为"奇险灵秀美如画中国最美的六处奇异地貌"之一;2011 年又被美国《国家地理》杂志评为"世界十大神奇地理奇观"之一。

敖河:流光溢彩的大地艺术

敖河,即凹河,是深陷于祁连山腹的一条沟谷,与南台子景区一脉相连,属肃南裕固族自治县境内,是张掖丹霞地质公园的东入口,芦苇沟丹霞小区也从这里进入。有一条公路,从张掖市甘州区甘浚镇直通景区。

那里旧时称为"大瓷窑",想象中应该是个很有文化底蕴的地方,其实只有一片荒蛮的大山。远远望去,山体呈铁红色。朝阳映照时,山前起伏的丘陵恍若一片火海,每个突起的山尖都似火焰跳跃。一片丘陵状丹霞就这样雄浑大气、毫无遮拦地起伏于眼前。通透,霸道,亮眼,这是祁连丹霞共有的特征。

如果说这只是一部交响乐的前奏,那么,深入山腹将会有更多的惊喜

敖河丹霞景区入口

等着你。多年前,这片景区还未开发的时候,山峡中还没有路,有两位喜欢探险的摄影家闯入这片无人之境,刚开始还觉得十分平淡,没啥意思,结果,在山峡中穿行时,时不时被奇形怪状的山岩造型所吸引,翻过几个山包,顿时被一片奇异的景色惊着了。他们没想到,大山深处居然有一片恍若"仙苑"的景观,整个山丘,如同披上了彩色的衣裳,五彩斑斓。

这是一片流光溢彩的山川,置身其间,你简直无法想像整个山川怎么会有如此妖艳的色彩,满山遍野都是色彩的世界,仿佛谁无意中碰翻了上苍的颜料罐,顷刻间五颜六色遍及山川。以红、黄相间为主,辅之以橙色、靛青、灰白等,形成各种布局的画面。有的平铺在丘陵上,一个色彩跟另一个色彩相互衔接,层次分明,毫不混淆,如同一幅五彩壮锦铺展在山野间;有的竖起于丘陵上,一个色带跟一个色带有机结合,螺纹状缠绕山体,像一个巨大的彩色陀螺;还有的几条色带各染一个山丘,而后连缀成一片,

在敖河观景台

蔓延成一片色彩的海洋。特别是日出和日落时分，各种色彩在阳光的映照下呈现出逼人炽烈，那种喷薄的激情呼之欲出，很容易让人想到凤凰涅槃、浴火重生的传说；又似仙苑下移，彩霞满山。置身其间，眩目的色彩如同童话世界。

在观景台上，近观丘陵绚丽，远看雪峰皑皑，一极之热，一极之冷，就这样不合逻辑地组合在一起，让人直叹天工造物的神奇。

透过这片色彩的海洋，远眺高处的山峰，侧又是另一番景象。一道横陈于群峰之上的"天墙"，似乎把这片彩色丘陵与雪峰蔓延的步履隔开了，那些尖峭的山岩仿佛天兵天将罗列于群山之上。如果走近去看，你会发现，这些山体正是典型的丹霞地貌。

是什么力量把这样丰富的色彩和奇特的丹霞造型凝固在了这里呢？相传，远古时期，敖河是祁连山中的一大深潭，四周古木森森，禽兽众多。

彩色丘陵与丹霞地貌的复合区 |

潭中有一只巨大的水怪，时不时兴风作浪，导致山洪四溢，山前汪洋恣肆，黎民百姓叫苦不迭。村中有个叫那尔罕的猎户，早就想为民除害，保一方平安，但又无计可施，他想到了

｜作者在敖河景区考察

去求西王母相助。但西王母居于昆仑之巅，不仅路途遥远，而且一路凶险无比，乡亲都极力劝阻他，但那尔罕主意已定，即刻动身去求见西王母。一路历经苦难，度过无数艰险，那尔罕终于到达昆仑之巅。西王母感念他的一片赤诚和坚定意志，答应助他降妖除害。西王母送给他三件宝贝，一件是取自火焰山的如意镜，一件是昆仑之巅的万年雪莲花，还有一匹似马非马的坐骑，告诉他说，如意镜借助太阳的光芒可以把深潭变成枯石，雪莲花可以保佑你安危无恙。那尔罕谢过西王母，跨上神骑，倾刻便到了敖河。正值朝阳初升，烈日炎炎，那尔罕马上取出如意镜，对着深潭照耀着，顿时，潭水四周的树木都着了火，火势熊熊，浓烟滚滚，禽兽四散逃跑。潭水也马上沸腾起来，水怪从深潭中跃出，张着血盆大口向那尔罕猛扑过来，神骑冲上去，与水怪一阵相搏，最后被水怪吃了。那尔罕怀揣雪莲花，纵身一跃，在如意镜强光的照射下幻化为一把闪耀着奇异光芒的利剑，刺向水怪的心脏。轰然一声，水怪爆裂，五颜六色的色泽遍布潭水中。随后，潭水枯竭，丘陵便呈现出缤纷的色彩，那些四散逃跑的猛兽则凝固在了高处的山峰上。

从这个传说中,基本可以揣测彩色丘陵与丹霞地貌的形成原理了。实事上,远古时期的敖河的确是一片水泽,经过亿万年的沉淀,比重不同的化学物质各自归拢,渐渐岩化,生成长块状的彩色丘陵;湖泽高处的岩石都是硬度较强的砂岩,逐渐被风雨雕塑成了丹霞的造型。

漫步总长约五公里的敖河沟,只见赤壁千仞,峰回路转,一步一景,人移景变,别有一番情趣。环望四周,雄奇诡险,千怪万状,险象环生,怪石嶙峋。纵目敖河地貌群,彩色丘陵之外,还有丹霞相伴,那些千姿百态的山包,组合有序,形象各异,似神秘的千年石堡,这里封印着多少人所未知的往事啊。在过去亿万年的时光中,这片奇观生长过程中,发生了多少天翻地覆的事,我们已经很难想像,大山只把结果呈现给人类。

在敖河观景,需要不急不缓,慢慢领受。那些奔放泼辣的色彩、那些起伏不定的山丘、那些飘渺入云的丹霞,还有远处的雪峰,都奇迹般地聚拢在一个镜头里,随着步履的深入,呈现出出人意料的大美。有时,自己也不知不觉成了景观的一部分,进入了别人的镜头。

芦苇沟:迷宫一样的峡谷

记得,第一次去芦苇沟时,我只是惊讶山峡中奇特的巷谷和恐怖的山崖造型,生怕一不留心迷了路,走不出大山。所以一直努力地去记住路边那些独特的标志。再次带朋友去看时,我已经从容多了,作为一个半生不熟的向导,引领大家用心体验这片神奇的壮景。

芦苇沟,是一个与敖河彩色丘陵近邻的峡谷。从大瓷窑口进入,沿一条泻洪河谷直接抵达。远远看去,山势巍峨,奇峰罗列,构成一幅北方特有的雄浑山水画卷。

走进山谷后,顿有一种与世隔绝的感觉。空空荡荡的山峡中,除了这些亿万年的奇特山岩,或偶尔飞掠头顶的鹰,听不到喧嚣的市声,看不到

| 芦苇沟入口

游人的踪迹，甚至感觉不到时光的存在。在这样静谧的时空中走着走着，会产生一种闯入秘境的惊奇。

从山形地貌看，芦苇沟应属于丹霞的壮年期，正是最富有活力的时期，也是丹霞类型最为丰富的地方。峡谷长约 10 公里，宽窄不等，较窄的地方，峭壁高耸，仅容两三个人并排走过；开阔地段，则像一个开放的集市，野草丛生，鲜花烂漫，四周山崖围拢着，如同远古时期的宫殿、屋舍、佛塔、街道。山峡中有不少巷谷和溶洞，有"九湾十八洞"之称，如果芦苇沟峡谷是一条大街，那么，那些洞开于峭壁之间的巷谷就像一条条小巷道。众多的巷道，构织了一个迷宫一般的世界。两侧峭立的崖壁上，呈现出各具形态的造型，有时整个山体就是一幅巨大的象形画，任凭人们去想象。如果是天光阴晦的时候，这些造型如同魔幻世界的再现，给人一种恐怖的感觉。

相传，大禹治水来到黑河，当时祁连山下是一片汪洋大海，当地部落

朝圣图 |

族众都居住在山上的高地,以山穴为屋,狩猎为生。大禹看到水漶漫延,民众生存艰难,决心采取疏导的方式泄导洪水。他仔细勘测了地势,选择地势较低的北山作为突破口,开始开山引流。

当时,在南面的祁连山上居住着一个叫混邪的凶神恶煞,他在山洞里修炼了九百九十九年,练就一身强悍的法术,统治着整个祁连前山一带,所有的人都要向他纳贡。他在芦苇沟筑成险要的堡垒,弯弯曲曲,洞穴遍布,称为"九湾十八洞",走进他的堡垒,如同进了迷宫一样,一般人都无法进去,如果进去就出不来了。大禹要治弱水,混邪开始坐卧不安,他想,如果弱水疏导开去,他将失去往日的权力、财富和尊贵。混邪顿时兴风作浪,指挥妖魔鬼怪搬来山中的万年积雪,山下立马洪水暴涨,淹没平地,摧毁树木,使大禹的人马无法开工。大禹化作大鹏飞上祁连山一看,马上明白了是怎么回事。要治水,必先治妖。于是,大禹开始擒妖,一场血雨腥风的

｜灵鼠拜佛

恶战在祁连山上展开。混邪开始依赖有利地形，自以为法力高强，不把大禹放在眼里，带领妖魔鬼怪出战。大禹却不带一兵一卒，只是站在山头上，随手在空中画了一幅图画，大地马上清晰现出一片花红柳绿、莺歌燕舞、牛羊成群、果实累累的田园风光，还有龙、虎、狮、象、鹰、隼等飞禽走兽戏嬉其中。妖魔鬼怪一见此境，喜不自禁地走了进去，大禹马上把画一收，把妖魔整个都收进了画中。混邪见势不妙，一溜烟躲藏进洞窟中。大禹追去，已不见踪影。大禹默运搬物移石之法，搬来砂石，填进洞窟，而混邪妖窟洞洞相连，堵住一面，他从另一面钻出。大禹正苦思对策，观音菩萨恰好路过，问大禹为何愁苦？大禹告诉了事情在经过，观音呵呵一笑，说，我正四处寻这畜牲呢。原来，混邪是观音坛前的一名童子，趁观音外出溜下凡界。天上一日，世上千年，观音归来，不见童子，就寻到了祁连山。观音念动咒语，混邪马上现出原形，拜见观音。大禹谢过观音，飘然下山。走得匆忙，不小心将收服妖魔的那幅画遗落山顶，那些妖魔鬼怪、飞禽走兽之态便散布于山头之上。走进山峡，你仔细揣摩，就会看出各具情态的人、神、魔、兽等，如同神话传说的雕塑集成。

今天，走进芦苇沟里面，还可以在山头看到"童子拜观音"的一景：高耸的岩石极像发髻高束、轻纱覆顶的观音菩萨，而下面一块匍匐的石头则像一个小童子。

还有那些拟人拟物的岩石，也仿佛是大禹不小心遗落人间的那些画面。

看，那些侧立的山脊山石，如同骤然凝固的奔兽，有的奋蹄疾驰，有的回首张望，有的惊慌失措，有的匍匐在地……各种情态，不一而足。

看，那块蹲踞峰顶的岩石，极像仰首长啸的猛虎，仿佛只要一注入生机与活力，立马就腾空而起。

看，那两尊隔峰相望的石像，如同一对隔世的情侣，在亿万年时空里依旧痴情地守望着爱情。

看，那个深不可测的山洞，也似混邪逃避的魔洞，站在洞前就感到一股阴森之气渗透出来。

望夫石 ｜

看，那一湾山崖上凝固的宫殿楼宇和周边高耸的石笋，莫不是废弃了的古城堡？

还有那些看不懂、看不透的山岩造型，莫不是演绎着上古时期特有的风土人情？

芦苇沟的丹霞类型多样，有巷谷，有石柱，有方山，有崖壁，也有窗棂状宫殿式地貌，更多的是象形石，富有观赏性。在这里看景，更多的是一种个体的

|远 眺

参与和感悟，不需要讲解，也不需要借助资料，只凭个人的经验和想象，便能领略到山野古朴的意蕴。一位略懂教宗的朋友说得好：这里看山，要经过"看山是山，看山不是山，看山还是山"的过程，才能懂得大山内在的美。

冰沟：壮景天成的"古城堡"

冰沟，是梨园河沟谷中的一条峡谷。这里的丹霞地貌发育完全，景观富集，作为张掖丹霞地质公园的另一处景观区对外开放。

最初的冰沟，还是一条原始状态的山沟，没有路，车辆也进不去，只能沿着泄洪河谷往里走，步行四、五公里才能到达丹霞景观区。如今，景区设施逐步完善，可以从峡谷口坐观光车直达核心景区。不过，坐车和步行的体验是不一样的，缺少了自己发现的过程，这对于旅游者来说是一大遗憾。

刚进峡谷，两边山体呈砂岩地貌，有的呈赭红色，有的呈灰白色，还有的呈黛青色，西北山势的粗犷剽悍尽呈目前。一段段的山体像是喝醉了酒似的，东倒西歪，一段向南倾斜，一段又向东倾斜，远古频繁的造山运动，造就了这样复杂多样的山形。

再往深处走，集中地呈现为红砂岩地貌，每座山峦都裸露着红似肌肤

神驼迎客 |

| 火 炬

的外表,而造型却又千奇百怪。圆形的似粮屯,方形的似宫殿,悬空的如神柱,横卧的如瑞兽……剥露的红色丹霞层和山坡表层枯败了的黑色苔藓相映成趣。

冰沟丹霞最奇特的类型是象形石、石柱和方山。

路边,一块砂岩被风雨剥蚀成骆驼的样子,当地人称"神驼"。前些年,这尊"神驼"还体格健壮,双峰耸立,昂首远望,但经过岁月的风吹雨淋,目前已经"衰老"了,脖颈越来越细,身形越来越瘦,给人一种随时会消失的感觉。

山脊上,一个石笋,如同从石头中长出的蘑菇,又如一把"火炬",上部似熊熊火焰,下部如一束直插山底的石杵。谁也说不清这把"火炬"迎着山风屹立了多少万年,如今它依然生机盎然地生长着,让每个看到它的人都感到一份新奇。

那边。一处突起的山峰,如同一个身材魁梧、穿着盔甲将军,正跨着战马,屹立在山巅瞭望远方,下面的群山之中定然藏着百万雄兵吧?

两根石柱并列在一起,似情侣相拥,只要找准角度,怎么看都像一对热恋中的情侣。

冰沟峡谷中这样的象形石很多,惟妙惟肖也好,似是而非也罢,游人只要细心观察,总能找到发现的欣喜。在平常处善于发现,山野的乐趣也就在这里。

石柱也是冰沟最丰富的景观之一。地质学上常讲的水蚀作用,使得山体围岩坍塌,把松软的山岩泥土相继搬运到了别处,整个山体退缩成为"堡状残峰"或孤立的"石柱",并经过多次水力和风力的侵蚀使之圆润,形成了如仓、如柱、如瓶、如塔等千奇百态的景观群落。这里有一被称为处阳元石和阴元石的景观,两根石柱紧紧相邻,拔地而起,擎天而立,高达六、七米,很容易让人联想到原始部落的生殖崇拜。登高俯视,大大小小的石

将军石 |

｜大地之根

柱满山可见,有的三两为伴,有的独自屹立。深究这些石柱的形成,不知经过了多少万年的风雨雕塑啊!

冰沟中最值得称道的要数方山状丹霞。沿着一条羊肠小道,登上一个适合观景的峰顶。就可看到一处地貌酷似中世纪欧洲的城堡,我曾在一篇文章中给它命名为"罗马古堡"。这里,宫殿、粮屯、城墙清晰可辨,整座城堡矗立在崇山峻岭之间,好像海市蜃楼。远眺四周,云雾缭绕,迷茫旷远,飘逸如梦。群峰在云雾里亦真亦幻,如佛跌坐,如马飞奔,如驼漫步,如鹰低翔……群峰并峙,岩壁相对,险如刀削,忽隐忽现,令人惊叹。

夕阳西下,"古堡"庄严肃穆,那些鬼斧神工的雕塑,被落日的余晖勾勒出各种形态。有的像驻守城池、披坚执锐的勇士,可闻号鸣箫咽之声;有的形如屯粮圆仓,可以嗅到粮食的气息;有的如层叠宫殿,可望见人影攒

罗马城堡 |

| 层峦叠嶂的丹崖

动。天然一个金碧辉煌的王国。

这片城堡跟周穆王西巡还有点渊源。

西周时期,周穆王率师西巡来到祁连山前,祁连山古时叫昆仑山。周穆王受到大禹的孙子河伯的热烈欢迎和盛情款待后巡视四野山川,看到弱水流域人民安居乐业,畜牧满山遍野,呈现一片祥和之象,便对河伯的治理大为称赞。选良辰吉日,周穆王亲自举行祭河仪式。与河伯闲聊时,听说昆仑之巅住着西王母,周穆王格外欣喜,因为西王母掌管着生死,拥有长生不死之药。近在咫尺,周穆王岂可错过良机,他想见一见西王母,向她求长生不死之药。

神仙不是说见就能见到的。河伯差人投去拜贴,向西王母引荐了周穆王。西王母听说是从中原来的君王,答应接见。选好良辰吉日,周穆王乘八

守望

骏之乘,亲自到昆仑山去拜谒西王母。西王母是一个白发如雪、容颜红润的仙女,谁也不知道她有多少岁了。西王母在山前迎接了周穆王,问他有什么要求? 周穆王说,想求长生不死之药。西王母说,我问你一个问题,如果你能回答得了,那我送你长生不死之药,如果回答不了,那就对不住你了。周穆王一世英才,自信地说,可以。西王母指着对面一座山问:"你看,那儿有什么?"周穆王看了看,笑说,"不就是一座山嘛,还能有什么。"西王母随手一挥,那山马上变成了一片富丽堂皇的王国。西王母挥挥手,一眨眼就不见了。只留下周穆王和他的随从看得发呆。

西王母走了,周穆王走了,这座"城堡"座落于山巅,经过数千年风蚀、雨淋、日晒,如今依然鲜艳如初,建筑布局形态犹存。

千年的旷野,千年的风霜雕塑,千年的飞沙走石,千年的日晒雨淋,成就了这片千姿百态气势雄伟的冰沟丹霞。在方圆40多平方公里冰沟丹霞地貌群,我们所看到的是自然的造化,却又如尘世的遗存,那些井然有序的建筑群,那些拟人拟物的雕塑群,总让人不由地联想到一个神话般的世界。

我们无法为每一座奇峰、每一块崖壁起一个动听的名字,也无法穷尽每一处丹霞最美的雄姿,只能将那片壮阔景观的一小部分收拢进我们的画面,记录下它千年风剥雨蚀所形成的壮丽和美姿。

神鹰峡:穿越"时空遂道"

初夏一个晴朗的上午,我们走进神鹰峡。狭长而幽深的峡谷里,罕见人迹,一片静谧,时光仿佛停驻在远古山川形成的那一刻,我们开始了与万古山野的默契交流。

头顶的蓝天像一面明镜,照着千古,照着现代。从远处传来清脆的鸣鸣,却寻不到鸟儿的芳姿,苍劲悠远的歌声由远而近,或由近而远,时有时无,时而低沉,时而清脆,时断时续,若失还继。在神雕峡这样的静谧之地,

瑞兽与山门

听到如此悠扬动听的鸟鸣,远胜过森林里众鸟的歌喉。走在峡谷,丹霞地貌形成的巷谷曲折狭长,如走进一条通向远古的时空隧道。宁静之中,听着天籁之音,体味一种难得的空灵美妙。此时此刻,人是那么渺小,天地高远广博,我们只是这奇缘之地的一粒沙,感受着沙粒凝聚成丹霞地貌的雄奇。

这里是典型的巷谷式丹霞地貌,它是由水流沿原始构造层面或垂直节理下切侵蚀而成的"巷谷"和"一线天"的景观。这种景观是丹霞地貌发育的最初阶段,属于丹霞地貌的少年期。

神鹰峡是梨园河畔的一条山沟,原先牧民把这里叫钻洞沟,意为沟壑遍布。从外观看,这条山沟毫不起眼,平淡无奇,只有山口处露出一巨大的石笋,直径达四、五米,正要从荒芜的山体中剥离出来,仿佛春天刚刚露头

| 正在生长的巨大石柱

的竹笋，似乎再多给它一些阳光雨露，它就会参天而立。除此而外，这条山沟的外面看不到什么奇特的地方。

但进入峡谷中，境界大开。赭红色的崖壁直立两侧，似巨大的城墙，上端临似人兽的石柱成排成群屹立山尖，气势峥嵘。左右两侧崖壁，常年被雨水冲刷，形成了一层层类似龟甲般的奇异景象，犹如成千上万只乌龟沿陡壁缓慢爬行。峭壁上时不时可以看到一些蜂窝状的石洞，我们猜测，这要么是风吹石打的结果，要么是自然脱落的现象。等走近一看，那些蜂窝状石洞是天然形成，它属于岩石构造中质地比较松软的部分，在经年风吹雨淋中自然脱落，形成大小不等的石洞。再往高处看，一堵"天墙"高耸在山脊上。而从另一个侧面看，则又如高耸云端的布达拉宫。

在谷底七曲八拐地行走，转过一个山湾，猛一抬头，大吃一惊——眼前莫不是一处世外古堡？城门前两块石头似虎似狼，我们称之为守门的

峡谷风光 |

"瑞兽";高大的"城墙"陡直坚固,一块山石拐了个弯,形成"瓮城"的样子,"门"口有一石柱,似守门的士兵,山顶起伏处,则像埋藏着千军万马。

　　山谷里幽静极了,与世隔绝一般,我们怀着忐忑不安的心情进了"瓮城",一条恍若城市中的"大街"平展陈现在眼前,两侧的崖壁或山石,则像房屋,时而出现一条裂隙,像突然洞开一扇门,直让人惊讶会不会有什么怪物跳出来。前方陡立的石崖,如同城市里中央广场的大屏幕,展开了一幅天然山水画卷。正要用心欣赏,突然一声唳叫从崖壁上传来,紧接着,一个庞大的黑影腾空而起,我们还未看清,它已经消失到山的另一边去了。

　　为了探个究竟,我们怀着强烈的好奇心向那边走去。

　　看到了,一个巨大的鹰巢!在十几米高处的崖壁上有一个巨大的溶洞,鹰巢就安置在这个洞里,从下往上看,那个巢穴直径约一、两米,由杂草和树枝构成。这样大的巢穴,那该容得下多大一只的鹰啊,这可真是一

｜赤壁上的鹰巢

只神鹰了！

神鹰峡得名大概就源于此吧，这应该是这几年命名的。人人都想给每一条峡谷一个神奇的名字，事实上，在山野放牧的牧人们早已经根据自己的想象赋予了它们朴实的乳名——钻洞沟。

钻洞沟，这个名字要比神鹰峡贴切多了。进了这条峡谷，稍有不慎就会走进迷宫般的巷谷中去。这里，丹霞地貌中称之为"巷谷"的路径很多，有些大巷谷中还有更曲折、更细长的小巷谷，记不清方向就会迷失在其中。

我们踏进一条巷谷，两边峭壁陡立，从下往上看，形如"一线天"。山峰高低错落有致，峡谷崖壁层叠突出，圆润流畅，岩石左右，奇峰拱立，似塔似屋，连绵不断，不时看到各种栩栩如生的动物、人物、建筑形态分布其中，绵延数公里。走在其中，忽而峰回路转，忽而泰山压顶，忽而清风扑面，忽而山雀掠过。这时的钻洞沟，宛若仙境般七彩缤纷、苍茫迷幻，迷人的景色令人流连忘返。

中午时分，依太阳光线的强弱，岩石的色彩时而深蓝、时而棕色、时而赤色、时而鲜红，总是扑朔迷离而变幻无穷，彰显出大自然的斑斓诡密。我们仔细观察，钻洞沟随地形深入，景观差异也很大。前段山峰气势磅礴，神奇险峻；中段曲径通

巷谷 |

幽，秀出天外；上游山峰低矮起伏，神秘莫测。山坡上下，壁垒繁多。峰顶巨石也形态各异。像垂须老人，像金鸡倒立，像孔雀起舞，像卫士守门，个个形神各异，令人叹为观止。还有一处剑劈石，像一剑劈下，两峰断然分裂，只留下一线剑锋。

那幽长的巷谷不知通向何方，我们无法一一走到底，总感觉有些巷谷是相连的，只是没有找到合适的路径走过去。这好像神话传说中的"天界秘境"——有一次，南斗星君和北斗星君两位大仙斗法，想比一比谁的法

｜一线天

力更大。他们在这里摆开阵法，南斗星君摆出九曲黄河阵，随手一划，山间顿现七曲八拐的迷宫，让进入者找不到出处。北斗星君摆出龙门阵，搬石运沙，凿壁穿山，境巍势险，也让进入者无法出入。两位大仙的斗法以不分胜负而告终，但这两个阵法永远留在了大山深处。

钻洞沟，这个充满传奇色彩的峡谷，呈南北纵深、东西分岔态势，两侧群峰耸立，巷谷时时可见，山峰以淡红和藏青色为主体，其间夹杂着淡绿、米黄、乳白等颜色，显得五彩斑斓。

虽然祁连山的峡谷缺少绿色植被的掩映，但裸露也是一种大美，这种美，似真似幻，引人入胜。这是亿万自然造化的结果，时光的印痕仿佛还留在那些山壁间，驻足仰望，可以清楚看到陡直的石壁上千万条大大小小的裂痕，那就是千万年风雨经久不息劳作的结果。

举目四望山峰成片相连，谷壁呈锥体状上升，各种不同地质年代的岩石重叠而成,像百万卷图书层层叠叠,构成了变化莫测、缤纷绚丽的七彩图案。我们不禁慨叹,大自然用她的神力,竟然让群峰间夹着一条条不知伸向何方的巷谷,又用鬼斧神工的创造力将岩层镌刻得嶙峋叠嶂,意气风发,令神鹰峡呈现无比的苍劲壮丽,真可谓千山雄风!

剑劈石 |

白庄子:窗棂状宫殿式丹霞命名地

祁连山腹地的丹霞景观处处可见,牧人们司空见惯,不以为然。山外的人走进大山,却是时有新奇的发现。肃南县城西白庄子的丹霞即是这样。

这片丹霞地貌的山体在肃南县城西三四公里处,驻足公路边即可看到。东西向横亘的红色山崖,对面是丘陵状草原。数公里长的丹崖峭壁上,处处都似雕塑着的一幅山水画卷,画面上可以清晰地辩识出宫殿、楼阁、森林、佛塔等实物,呈现出不同于一般丹霞的新景观。

｜窗棂式宫殿状丹霞形成节理透视

　　这类丹霞地貌，是在水平及平缓倾斜的红色岩层陡壁上，水力沿山体节理下蚀，又在软岩夹层中受风力的侧蚀，在风与雨共同作用下形成楼体状、格子状式。2006年，黄进先生到张掖考察丹霞地貌，看到白庄子的丹霞后，顿时被这里奇异的形态所吸引，将其命名为"窗棂状宫殿式丹霞"，为丹霞地貌增添了一个新品种。

　　在考证过程中，黄进先生认为，这是典型的丹霞地貌，但又与南方常见的"丹崖赤壁"有区别。这里山体由褐红色泥岩、页岩、粉砂岩及淡红色含砾粗砂岩、砂砾岩、砾岩互层所构成。山顶较平缓，陡崖近直立，崖麓由陡崖崩塌下来的岩石泥沙堆积而成缓坡，缓坡的一部分又被河水再侵蚀而出露基岩，并沿垂直节理发生崩塌，产生新的陡崖。这处红砂崖壁的独特之处在于：岩层为较软的泥岩、页岩、粉砂岩与较硬的含砾粗砂岩、砂砾岩、砾岩交织分布。因为岩石软硬程度不同，风化也就有了差异性，导致较硬的砂砾岩层突出、砂泥岩层凹进，在崖壁上形成厚薄有致、深浅有序的

窗棂状宫殿式丹霞局部 |

层状岩凸、岩槽地貌。这些层状凹凸地貌，又在水流的侵蚀下形成垂直悬沟，悬沟之间则相对凸出而成为凸柱状地貌。在长期风吹日晒下，红色岩层风化生成的泥粉，又在雨水或冰雪的滋润下形成泥浆，泥浆向下流动一小段距离之后，因强烈蒸发及后续泥浆不继而停止前进并干结固定，在崖壁上形成许多红色泥钟乳、泥笋、泥柱、泥幕等地貌。这些悬垂的泥乳、垂直的悬沟、凸柱，与近水平的层状岩凸、岩槽地貌互相垂直交织在一起，形成窗棂状、宫殿状，有如仙山琼阁。

黄进先生对这种"窗棂状宫殿式丹霞地貌"十分钟爱，多次撰文指出，白庄子大红山窗棂状宫殿式丹霞地貌是精品中的精品，也是西北干旱半干旱地区独特的景观。

在白庄子丹霞山下，驻足观望，山势起伏跌宕，千奇万状，怪石嶙峋。赭红的山峦宛如沉睡的卧龙，鳞甲斑斓，首尾分明，似沉醉于美妙的酣梦。一段段不同造型的崖壁起伏逶迤，有的如廊柱，从山根生长到山顶，巨大

│ 白庄子丹霞全景

的石柱依傍崖壁,仿佛正在施工的场地;有的连片楼阁,高低错落,一层接一层浮现于峭壁上,组合成神奇的佛国图景;有的山石高耸,造型别致,似人似兽,巧妙地嵌在山崖上,给人无穷想像。在阳光的照耀下,红色的山崖熠熠泛光,与周边绿色的草原形成强烈反差。

这里的丹霞没有南方丹霞的奇峰灵秀,也没有绿色植被的掩映,但正是这样真实的裸露,为窗棂状、宫殿式丹霞的形成提供了天然条件。风和雨作为山野的雕塑大师,在岩石风化基础上,不断浸蚀,不断修改它们的作品。在这里你看以把它当一幅自然天成的山水画来看,也可以当作鬼斧神工的雕塑来对待。

面对古寂的群峰,有人看到的是佛国胜景的禅意,有人看到的人间尘世的风味。禅悟的人们,带着寻幽的心境欣赏丹霞形貌,在梦与醒之间,隔着一段风烟渺渺的时空,看到风尘人世与菩提圣境竟这样近在迟尺。丹霞造型似云烟万状的群峰映衬着大小不一林立的"佛塔",如见坐化成佛的得道高僧,一种由浅而深的禅境透过石壁扑面而来。在一个塔形棱柱旁,一块石头傍依而出,似传说中在无忧树下诞生的"印度王子",他在面壁悟禅,还是传经授道?你尽可凭借想象去揣测。另一边泥幕形成的如烟雨层林的画面,则又像明代山水画家黄公望、朱耷笔下的山水画卷,粗率顿挫,萧疏苍劲,墨飘千年,依然沧桑厚重。

这一丹霞类型,既有画面的观感,又有雕塑的造型,可谓"画中有塑,塑中有画"。注目"万丛佛塔"景观,石壁上留下的一棱一柱都飘散着禅的韵味。在灿烂的阳光下,隐隐的"苍松塔影"依旧静默着。错落的塔林,三两树木,堡状、锥状、塔状,似人、似物、似鸟、似兽,形象各异,组合有序。目睹林立的佛塔,仿佛能听见悠扬的钟声从远古传来。这处丹霞历经千年风雨,依然承袭着佛教的光辉,遵循着自然的法度,每一组飞翘的塔檐,都可以在质朴中寻找内敛的深度。有人看过这里的丹霞地貌曾赋诗:"雾气漫渺烟疑重,塔林隐现似游龙。远望浮屠登天顶,迭嶂层峦画屏中。"

丹岩霞壁四周,黑色的柏油路逶迤而去,路边一排杨树,有一条山溪从山脚下流过,让硬朗的丹崖稍许有了一点柔和。远处是起伏的草原,绿草如茵,白云悠悠,丰富的色彩,配以红色的丹霞极具观赏价值。如果有兴趣,还可以走进草原,走进相距不远的祁连山野生马鹿养殖基地,去体验驰骋草原的乐趣。

万佛峡:神殿般的峡谷

此时已是春末夏初,大肋巴河谷还未泛绿,一丛丛高高矮矮灌木、野草依旧是枯黄的表情,偶尔看到点绿意也羞涩地掩映于枯黄之中。祁连山也像这草木一样,一直处于变动不居的生长态。因为生长着,常常给人新奇的发现。

我们沿着河谷边的山路前行,两边的山都是丹霞地貌,从起伏的山势

| 崖壁上的"佛国塔林"

观音洞 |

看,无数次造山运动的痕迹也可见一斑。远远看见一块巨石横卧在路边,上书三个红色大字:"万佛峡"。这里已经成为肃南"中华裕固风情走廊"的重要部分,与草原、雪峰和民族风情构成祁连山腹地旅游线。

万佛峡是祁连山深处的一条宽广峡谷,属于季节性泄洪河谷,平整的河谷里可以看到从上游冲刷下来的鹅卵石,可见时有较大的山洪倾泄。两侧山岩大都呈赤红色,总体看去似是丹霞的青壮年期。细细去看,似乎有些奇特,有的地方看上去还正生长着,有的却似乎到了晚年期,剥落得不成样子,被风雨剥蚀后滚落下来的岩石处处可见,有的砂岩已经风化成了粉末。水是山的灵魂,有水便有生机,夏季雨后,当洪水充溢这条河谷时,那些红柳、芨芨、骆驼草、蒿草定会摇曳多姿,把峡谷装点得绿意盎然,生机勃勃。

峡谷寂静无声,行走在其中,足音如同穿越千古的回声。这些红崖峭壁,这些山石草木,都是经历了千万年的淘沥才走到今天,它们在漫长的岁月中静静地等待着,等待着有心人的发现和欣赏。积淀深厚才有内涵,大自然也在昭示着人生的某种哲理。

　　强烈的阳光照在崖壁上,那种红,像是从山岩体内渗出的汗,又像是经过暴晒的皮肤,看上去格外磣人。峡谷中空空荡荡,除了风声,再听不到生命的律动,只有那些"石佛"静穆地站立在石壁上。有的似睡似醒,有的或笑或怒,形态各异,憨态可掬。有的崖壁宛如一尊硕大无比的大佛侧卧而眠,有的形似千千万万神佛簇拥而至。它们或站、或坐、或远眺、或沉思。林立的佛塔,密布的佛龛,高耸的城堡,神秘的宫殿,全都以原始古朴的状态呈现着,没有人为的矫揉造作,也没有过份的渲染,以"大象无形"的意趣,诠释着佛与道的至高境界。

　　这是一片弥漫着吉祥佛光的丹霞,天然的、不加雕饰的山岩,经过自然力的造就,呈现出如同佛经绘画本的画面。从一进峡谷,看到那些像佛塔、佛龛的岩石雕塑,就自然而然生发出进入西天极乐世界的联想。再往里走,会看到依傍崖壁上站立的"金刚"或"飞天",像传说中的仙人盛会,又如世俗生活中的万物纷呈。一排排石柱并列着,犹如"神殿塔林",红色

┃ 千佛殿

薄层砂岩构成楼体顶、底板，厚层泥岩中的泥柱似窗棂楼柱，清晰可辨，阁阁相扣，层层叠叠，最上面履盖着苔藓类植被，枯死后呈暗黑色，如同履盖了房顶。每层冲刷堆积形成的大小不等的泥幕、泥挂，错落有致，高低有别，似有大小神仙排定座次之感。这一巧夺天工之作，恐怕建筑大师也难以想像。那些散布于"殿堂"周边的浮雕，犹如数以万计的僧侣汇聚在一起，有持卷颂经的，有双手祈福的，有跌坐禅悟的，细细看来，恍若踏入佛门，山野间悄吟的风声，也似佛音在谷中回荡，给人一种神圣、肃穆和静谧的感觉。

　　"万佛峡"是如今为开发旅游新命的名字，之前，这只是一条无名峡谷，或者叫黄鸭沟什么的，除了放牧的牧民们走进过，外人很少知道其中的妙处。据说，这片弥漫着佛气的峡谷与阿育王有关。传说阿育王乘天马东游来到了祁连山上方，不经意间朝下一看，蓦然看到雪峰之下的山峦一片火红，颇有造化万端的气象，于是勒马下凡，停驻在一片赤色山崖上。阿育王心想，既然佛度众生，不妨把这些岩石也度化一下。于是，随手一点化，那些山岩便有了灵气，顿生向佛之心，呈现出各具情态的参拜状。故事虽然有些牵强，但赋予了这一片无名之地文化的内涵。许多景区、景点的开发都是如此，因为文化的包装，让自然之景散出动人的人文魅力。

　　步行在峡谷，看着丹霞幻化出的佛国胜景，遥想着它的形成。从山体形态看，这片丹霞与祁连山变迁的历史是相同的，必然经过了反反复复的造山运动和风雨不停息的雕塑。最初，先是山体发生崩塌，在流水作用下，下切成峡谷，坚硬的部分便成了峡谷两侧的峭壁。而风和雨在峭壁上不断发生新的剥蚀，让有的地方成了方山，有的地方成了石柱，有的地方成了尖峰，还的有的地方变成溶洞——这里就有一处约十多平米的溶洞，人们正在依此建"观音洞"，里面住着一群浸润着佛光的鸽子。看它们快乐地飞来飞去，我们想，它们是否洞悉了这片丹霞的秘密呢？转过山角，是长约百余米的一面峭陡岩壁,有突兀的尖峰,有石柱,也有规则的方山,更多的还是窗棂状宫殿式丹霞,如同无数的佛塔、阁楼组合成的殿堂,高低错落,琳琅满目,称作"千佛殿"。沿着河谷再往深处走,除了丹霞,还有山上面的草原等着你。

万佛峡是一片正处于生长期的窗棂状宫殿式丹霞,属于丹霞青年期,但其中也有部分似乎已处于壮年晚期,在无情的岁月中向衰老迈进,这是难以改变的自然规律。当然,自然进化的过程是缓慢的,每一点变化都相当漫长,任何人穷其一生也难以觉察到这片丹霞的变迁。畅游其中,能找到一点回归自然、返璞归真的感觉,也算是一种心灵的陶冶。

卓尔山:丹崖映雪峰

一条穿山公路,把我们带进祁连山腹地的青海祁连县城。这是夹在两山之间的川地,南面的牛心山白雪皑皑,灌丛茂盛,北面的卓尔山"色如渥

| 牛心山、八宝河与卓尔山

丹霞映照下的祁连县城 |

丹,灿若明霞"。两山的坡地间,金黄的油菜花与绿色植被交错分布,八宝河从中穿流而过,红瓦白壁的屋舍点缀在绿荫之中。

景观由高到低,顺着人们的视线铺展开来:雪山、森林、草原、丹霞、峡谷、河流、城镇,仿佛是一幅精妙绝伦的天然油画,无论站在哪个角度,都有赏心悦目的感觉。

祁连县自然风光绮丽,景色迷人。据说,去过瑞士的人发现瑞士的自然景观和这里非常相像,因此,祁连县有旅游宣传自称是"东方小瑞士"。境内雪山纵横,生物种类丰富,生态系统多样,是迄今世界上原始生态保存最为完整的地区之一。县城座落于八宝镇,县政府前面是中心广场,广场上立有几根龙盘石柱,还有八座象征藏传佛教"八宝"的吉祥塔,由明镜、长寿草、木瓜等八种吉祥物组成。县政府大楼背靠卓尔山,灰白或黄白相间的楼群,在红色丹霞的映衬下格外醒目。步行在广场上,一切都显得那么安逸,那么祥和,我们感觉,祁连县城虽小,但生活在这里的人们是幸福的。

卓尔山藏语名为"宗穆玛釉玛",意为"美丽的红润皇后"。从远处看,卓尔山更像一顶蒙古的帽子,绿色的植被和金黄的油菜花蔓延上去,如同

｜卓尔山顶看丹霞

绣着花边的帽沿，尖峭的红色丹崖则是帽顶。山脚下滔滔八宝河像一条白色的哈达环绕在县城周边，原生态的胡杨林生长在两岸，春夏胡杨摇绿，金秋胡杨泛黄，都与丹霞构成别致的一景。从中心广场一眼可以看到卓尔山的雄姿。它拔起于八宝河畔，属典型的丹崖峭壁，而崖壁上平缓的地方又有植被覆盖，红绿相间，十分养眼。一群群的红嘴鸦穿梭于峭壁间，那里肯定有它们的家吧？这些红嘴黑羽的鸟儿们，被视为吉祥鸟，受到人们的保护。

　　卓尔山丹霞呈现的是窗棂状宫殿式类型，它由红色砂砾岩与泥岩交错构成，砂砾岩抗风化能力强，岩层突出；而泥岩抗风化能力差，平面向内凹进，局部塌陷。正是这种差异性风化剥蚀作用，塑造了南方湿润地区很少能见到的窗棂状丹霞地貌形态。又由于泥岩中含有膏盐类物质，在降水和地下水淋溶作用下，形成下垂状泥柱、泥挂、泥幕、泥钟乳，成为泥乳状丹霞地貌形态。远观如窗棂、如楼阁、如神龛、如楼塔、如城堡、如宫殿，层层叠叠,壮观如画。与祁连山别处不同的是,卓尔山丹霞之下常年有水流环绕、绿树相衬、雪峰映照,雄浑之中,景观层次分明,柔和妩媚。

如今的卓尔山已经开发成了景区,沿栈道上去,漫步山道,奇山兀立,群岭连亘,苍翠峭拔。天气晴朗的时候,远山近树,历历在目;蓝天白云,令人心醉。阴雨天,山间徘徊的云霭雾如同卓尔山的呼吸,缭绕在群峰之间,幻若仙境;表里红透的朱砂般崖壁,在绿色植被掩映下,秀中有奇,刚中有柔,别有一种观赏的乐趣。

山顶四周设有观景台三座,由架空的原木甬道相连,既环保,又具有十足的乡土气息。登上山顶,放眼望去,四野绿茵葱茏,黄绿相间的山地风光犹如油画般平铺在面前。更远处,红层地貌在松树和绿色植被的衬托中,鲜艳如血,而县城就包裹在这青山与丹霞之中。在卓尔山的平缓草坡山顶,建有民族团结祥和塔。祥和塔根据原来的息净塔仿造,凝重而庄严。祥和塔与另一峰顶的烽火台遥相呼应。相传当年成吉思汗攻打西夏,西夏

八宝河岸的丹霞 |

卓尔山的窗棂状丹霞局部

末主带领残兵逃进祁连山,隐居在这山环水抱的地方,并建造了四座烽火台,其中一座就建在卓尔山上。徜徉在优美的自然风光中,怀想一段历史,便有了观景的厚重感。

卓尔山对面雪峰便是有着"众山之神"之称的牛心山,也称为阿米东索神山,因主峰酷似牛心而被人们形象地称为牛心山。这里海拔4667米,与祁连县城相对高差达1880米。山顶终年积雪,云雾缭绕,雪线下面是茂密的森林,再往下是环绕雪山的油菜地。每当油菜花盛开的时节,金黄的油菜花与洁白的雪山、墨绿的森林与青青的草原共同交织成一幅绚丽多彩的油画。关于这座山有许多版本的传说,其一种是现在被大家所认同的,相传格萨尔王时期,祁连地区妖魔成群,民生困苦,格萨尔王得到这一情况后请来神仙化山镇邪,从此牛羊成群,水草丰美,因山壮似牛心,称为牛心山。另一种则可算是戏说,相传唐僧西天取经路过祁连时,遇到牛魔王阻拦,于是猪八戒挺身而出与之搏斗,八戒一只耳朵被割下落到地上变成了与牛心山遥对的猪耳山(即卓尔山的谐音),八戒倒打一耙掏出牛魔王的心,落到地上变成牛心山。

丹霞地貌在祁连县境内面积不小,沿着八宝河走去,许多山麓都是丹霞地貌,有的还掩映于绿色植被覆盖之中,有的已经显露出峥嵘之象。皑皑雪峰、原生态的天然植被与红层地貌的有机融合,赋予祁连县丹霞独特的韵味。

瓷窑口:十里丹霞的华章

"红水穿硐山外流,沃灌良田几多畴。"这句诗描述的是酒泉肃州城南东洞乡瓷窑峡的景况。"红水穿硐"也是酒泉旧时八景之一。地方志载:肃州城又有红水者,是又异于诸水。然色既红矣,其延袤犹远,沃田不知几万顷。今谓穿硐者何?红水坝,又分东洞子坝、西洞子坝。当时,地高水下,田不可耕,明景泰年间,有个姓曹的千户凿崖为硐,由下水渐上,流水潺潺,叮当有韵。

瓷窑口位于肃州东南30公里处的祁连山北麓,是进入祁连山腹地的峡口之一。峡谷中沟壑幽深,怪石高耸,岩壁无处不红色,俗称"十里宽沟"。过去人们观念中尚无"丹霞"的概念,因象赋名,称为红山。其实,这种红色的山就是典型的丹霞地貌。

我们从酒泉市肃州区东洞乡新沟村穿过, 马上进入祁连山前山区的戈壁滩。一条拉运矿石的山路从茫茫戈壁上碾过,像一条飘带,连接着村庄和远山。戈壁滩上,除了枯黄的骆驼刺,没有一点绿色。在这片灰白的背景下,突然看到前面的红色山丘,让人不由地眼前一亮。前一天晚上刚下过雪,前山地带覆盖着一层白雪,红与白相映,更加耀眼。这应该就是我们要找的丹霞了。之前,只是看到过《酒泉日报》的一则报道,报道称"祁连山发现

｜从瓷窑峡流出的红色山溪

丹霞丘陵与祁连雪峰 |

奇异丹霞地貌,位于酒泉市东洞乡向南10公里处,其色彩纷呈,形状诡异。"

还未到峡谷口,先看到一条红色溪流,蜿蜒流淌在戈壁上,远远看上去,像流着一股鲜红的血水。我们万分惊奇,以为山野之中有什么不祥之兆,充满杀伐之气,居然"血流成河"!

沿溪而上,直到看到红色的山崖,方解其中的奥秘。原来,红色的山溪是从红色山崖间流出来的。

曾看到过清代有位诗人描写这里的山川时有"十里丹霞血染成"的诗句,觉得太过于夸张,现在看来,这诗句基本是写实的。

峡谷口有一户放羊的人家,牧羊老人告诉我们一个传说:很早以前这里万山重叠,千峰起伏,根本没有这个峡谷口。祁连山积雪融化后,在山顶汇集成天池,天池边仙草遍布,有一只白色的岩羊,每天前来吃草。据说,那是一只镇守天池的神羊,神仙得到它可以当坐骑,凡人吃了它的肉可以长生不老。一天,两个老猎人背弓持箭进山打猎,在山坳处看到白岩羊前来吃草,两人同时发箭,白岩羊被射中了,倒在地上。当两人从岩羊身上拔出箭头时,鲜红的羊血如注喷发,顷刻间,天池崩溃,和着鲜红的血流成洪水,一直向山下奔涌,水到之处山崩地裂,高山被一分为二,成了峡谷,峰峦塌陷,夷为平地,山岩也被羊血染成血红。两个猎人被水冲没,一直冲到峡谷口,变成了两块大石头,矗立的峡谷东西两侧,远远望去,好像两个守护峡口的卫士。也有人称,这两块大石头,后来被当地石匠凿成一对石狮子,供奉在文殊山文殊寺大经堂的山门两侧。

神话传说是人们对这条峡谷的一种理想化解释,一代代人口耳相传,神灵的气息影响深远。细细想来,这个传说其实也传达着一种人与自然应该和谐相处的理念。

其实,不仅峡谷是十里丹霞,峡口的一大片山丘都是红色,用专业术语解释,就是丹霞崖壁经过重力坍塌,形成的红色丘陵,山形变得舒缓了,圆润了,没有棱角了,不再过分峥嵘,这是丹霞进入暮年期的显著特征。像

丹崖赤壁

峡谷丹霞 |

人的一生,年轻时怎么张扬都不过分,但到了晚年,收敛了曾经张扬的锋芒,复归于最初的古朴平静。而丹霞的成长却悠远得多,漫长得多,随便一块山岩的微小变化都需要千万年时光。这片看似不起眼的丘陵,它的进化至少经过了数万年,远远超出人的想象。

进入十里丹霞,两侧的山岩的确"其色若血",像是浸润了血水一般,红得奇艳,色彩又十分均匀,给人一种飘逸的质感。也有高达数十丈的崖壁,上面有风雨侵蚀的溶洞,也有切割的裂隙,路边崩塌下落的岩石却又告诉我们,这处丹霞正在经历一种"脱胎换骨"的历程,正在时光中一点点老去。

越往深处走,丹霞的形态越丰富,如果从地质专业角度看,几乎是丹霞进化历程的整体展示。那些进化较慢、尚处于年轻时期的丹霞,呈现出峭壁和突兀的石柱、峰丛,有的还如惟妙惟肖的鸟禽走兽。前行数里,当地人称为大宽沟,层峦叠嶂,气象万千,山体周围的岩石上,有大小不一的无数洞穴,如天造地设的"殿堂",山腰上的大小洞穴迷宫一样相互串连,人躲在里面也可避雨挡风,有人形象地称为"天斧沙宫"。崖壁上还有许多动物造型的岩石,神态各异,妙趣横生,尽可发挥想象力去赋予它们美好的名字。在陡峭的石壁上,有一块灰白色的巨石,酷似雄鹰昂首,如果是夏秋季节,石缝中野草长出时,更是给雄鹰添羽,绝妙地衬托出雄鹰展翅欲飞的形象,这是大宽沟为人称道的一大景观。

目光移向南面,无数的红色岩石散落在山坡下,如同成熟的硕大仙桃,细细去看,石上遍布穴孔,大小深浅不一,密密麻麻,还有各式各样的动物践踏的印痕或人用指头摁上去的印痕,给人扑朔迷离的神秘感,有人为此命名"佛指千洞"。

赏景的同时,会有潺潺水声入耳,循声而去,乱石狭缝间有一眼清泉明亮,这便是在峡谷口看到红色溪流的源头。有人说,这山泉富含矿物质,取而饮之,可消暑解渴,祛病除疾。当地传说,药王活佛自青海来此访查,在这清泉中下药,取泉水加白糖和鸡冠血饮后可祛百病,尤其是风头痛,饮之立杆见影,乃称为"药水神泉"。又据说,若遇天旱久不下雨,在泉水边请活佛念经祈雨,再丢进红枣或干果食品,三两天内必定下雨。更有文人诗家附和,以诗为证:"龙首神泉味不穷,长流清韵此山中。""一注清泉出山涧,细流涓涓漫下滩。千秋万代流不尽,引得游人觅仙源。"

在瓷窑口峡谷看丰富多彩的丹霞是一种乐趣,赏自然风光也是绝佳之处。酷热的夏季,走进十里丹霞的深处,祁连雪峰相映,山高野阔,松柏茂密,满山遍野野花盛放,野草遍布,时闻鸟语,时见蝶飞,处处充满诗情画意。深山风景人不知,这一处尚未开发的"处女地",给了乐于探险觅胜的游客一个好去处。

赤金峡：丹霞相伴出玉关

玉门赤金峡，是祁连山的一条支脉。

从玉门市赤金镇驱车向西南方向的祁连山前行三十多公里，进入当地人称为红柳峡的峡谷，便可看到一片丹霞风光。由于道路不便等多种原因，赤金丹霞藏在深闺人未识，2006年后才因旅游宣传而广布。

目前在赤金峡发现的丹霞地貌主要有两处，一处是红柳峡丹霞，另一处是红柳峡丹霞以东的五华山丹霞，两处丹霞地貌只有一山之隔。红柳峡丹霞地貌分布面积较大、发育典型、类型齐全、色彩绚烂，具有特殊的学术价值、科研价值和科普教育价值。五华山丹霞绵延约两公里，山群远看红霞尽染，近看七彩斑斓。山势由舒缓猛然变为陡峭，中间从红到黄、从灰到

赤金峡中的彩色丘陵(陈思侠　摄) ｜

│丹崖峭壁(陈思侠　摄)

白、从紫到蓝生出数种色彩,层层叠叠,相互交织,好似彩缎般此起彼伏绵延到白雪皑皑的祁连山。徒步行进其中,仿佛置身于一幅色彩斑斓的巨幅画卷。这种奇特地貌实际上是彩色丘陵。大自然鬼斧神工造就的岩石、土柱,有的犹如婀娜多姿的少女,有的恰似托腮沉思的哲人,有的像静坐打禅的僧人;有背着小猴子上山的老猴,有跪卧山巅守候的猎狗,也有在沙漠中匍匐的骆驼, 还有盘踞峡口迎宾的雄狮、"一脚蹬天"、"落鹰塔"、"海龟出世"、"冰山一角"等造型,其形态、神态,可谓惟妙惟肖,形神具备。只要用心去捕捉,总能体会到发现的乐趣。

关于赤金峡的由来,有一种说法是此地有铜矿,铜像金子而色红,故以"赤金"命名。其实,"赤金"为"赤斤"的别写,因此处曾是明代河西"关外七卫"之一——"赤斤蒙古卫"的地域,故名"赤金"。赤金镇、赤金峡之名亦从此而来。

峡谷的形成,当地流传着一个优美的传说:相传,很久以前赤金峡一

一柱擎天（陈思侠 摄）

带并没有大山，而是一个碧波荡漾的大湖泊。有一年，湖面上飞来了一群洁白的天鹅，它们在湖面自由自在地生活着。不久，不知从哪里飞来一群黑色老鹰，开始向天鹅进攻，扰乱了这一仙境的安宁。这群老鹰中有个山羊一般大的鹰王，它站起来有半人高，展开翅膀有丈余长，两只利爪好似铁钩子，弯而尖利的嘴巴好似一只铁夹子。尤其那两只鸡蛋大小的眼睛，明如灿星，放出两股凶恶的光。有一天半夜时分，鹰王对它那群老鹰说："我们要想长得雄壮勇猛，战胜所有的飞禽走兽，只有逮住白天鹅喝了它们的血，才会强壮起来。那样我们就可以飞得更高，力气更大，不但可以抓野兔吃，还可以抓到地上的羊。"老鹰们听了鹰王的鼓动，都来了劲儿，就打算乘天黑，天鹅们还在草丛中静卧时袭击它们，喝天鹅血。不料老鹰打算偷袭白天鹅的阴谋，让正巧从天上飘过的柽柳仙子听见了。她不由为白天鹅们担忧起来。想什么办法可以救这些善良而又美丽的白天鹅呢？柽柳仙子居住在距这个湖泊不远的绿草滩。那里生长着一洼洼雪白的柽柳。柽柳开白色的花,和戈壁的红花绿草相应成趣。柽柳们和白天鹅是好朋友,它们世世代代共同生活在这一带,相处得很好。现在眼见自己的好朋友要遭到灾难,不能不救。于是柽柳仙子长袖轻舞,刹那间就刮起了呼呼的西北风。再说鹰王正带着一大群老鹰悄悄扑向草丛,准备下嘴咬白天鹅时,忽然北风大作,惊动了天鹅们。鹰王一看,原来是柽柳仙子在空中作怪,就尖叫一声发出了信号,让大群老鹰去咬死白天鹅们,自己则怪叫着向柽柳仙子扑来。几乎就在同时,鹰王尖利的嘴巴狠狠啄向柽柳仙子的双眼,她的两眼顿时鲜血直流。那些黑老鹰们也一下扑向刚刚被惊醒的天鹅们,一阵乱啄,咬得它们惊叫起来,流着鲜血四处飞去。柽柳仙子看到天鹅们虽然受了伤,但总算逃出了性命。为了防止黑老鹰再伤害白天鹅,她带着伤在空中挥舞起来。不一会,狂风大作,暴雨骤至,猛烈的风雨一下子把黑老鹰全部刮进了蓝色的湖水中丧了命。天亮了,待一切风平浪静后,柽柳仙

｜朝圣之路(陈思侠　摄)

冰山一角(陈思侠 摄)|

子才带伤回到了绿草滩,奇怪的是她的眼又亮了,她看到带伤的白天鹅全都飞到了这里。天鹅们的鲜血把雪白的柽柳全都染成了红色。柽柳仙子十分感动,轻轻地落进地上的绿草上不见了。后来,这一带雪白的柽柳不见了,却变成了一洼洼红枝绿叶开着红花的红柳。那里的白天鹅们十分感谢柽柳仙子,就四处飞来飞去寻找她。当它们又飞到原来的湖泊那儿,却不见了碧波荡漾的湖泊,代之而起的是一座座黑石山。这就是后来的赤金山。传说赤金峡的黑石山就是那些黑老鹰变的。而离赤金峡不远的红柳滩就在西边,每到春天,遍地的红柳花开得十分娇艳,仿佛一团团烈火,映红了半个戈壁。

赤金峡山谷空旷,怪石林立,看似荒芜,实际遗留着非常丰富的人文遗迹。这里的黑山岩画是古代游牧民族生活过的有力见证,那些镌刻在黑色砾石上的画面,有动物,有人物、植物及捕猎、住房等生活场景,风格粗犷,造型生动,是游牧于古代河西走廊的诸多民族留下的一笔文化财富。这里也是古时前往玉门关的必经之地。不知从何年起,昆仑之玉便经这里进入中原,形成一条绵延数万里、时逾数千年的玉石之路、文化交流之路。那些入关或出关的人,一路风尘仆仆,经过戈壁大漠,到了玉门关前,首先看到的应该是红色的山崖,作为一种醒目的地标,看到它,就离入关不远了;远离它,就让这红色记忆伴随着他们一路走去。这红色山崖,就是今天人们看到的红柳峡丹霞和五华山丹霞。

作为通关要道,古时经过了玉门关名人逸士肯定不少,但记载不多。1842年,林则徐作为鸦片战争的替罪羊被流放新疆伊犁,途径玉门赤金峡,看到荒凉的塞外风光,有感而发,留下一诗:"脂山无片脂,玉门不生玉,荒芜几人家,如棋剩残局。"而今天的赤金峡,犹如镶嵌在大漠戈壁的一颗明珠,吸引着更多的游人前来,尽情品味大自然的清新,感知历史行进的沉重步履。

莺落峡:黑河涌波出祁连

莺落峡是黑河流出祁连山的第一个峡口。那里童山濯濯,岩黑如墨,千丈峡谷,壁立千仞,谷底流急浪卷,山上常年劲风,就连疾飞的鸟儿也惊悚落峡而不能过,故名"莺落峡"。

峡口的山坡上有座龙王庙,旧时,每年二月二龙抬头的那天,都有一场隆重的祭河仪式,主政一方的官员要和四乡八寨的老百姓抬上供养,敲锣打鼓前来祭拜河神。龙王庙下有一条山谷,崖壁呈棕红色,垂直分布,是峭壁丹霞地貌。过去人们是否注意到这个红山,没有记载。今天走近莺落峡的人,一眼就看到这个红色崖壁,有时还驻足观望一阵。从崖壁断面看,像是刚从苍茫泥石中剥离出来,尚处于幼年期的丹霞。依此推测,泥沙包裹的群山中,应该孕育着大片丹霞,只要时机成熟悉,万顷红山定会显露

莺落峡谷

出来。

东西绵延 1200 多公里、宽 200 多公里的祁连山,蕴藏着无数的丹霞地貌带,只是许多地方人类的足迹难以抵达,更多的奇观美景还是"养在深闺人不识"。

造就丹霞的外营力是风和水,而莺落峡正是风与水汇集的地方。依傍丹霞,让我们先看看源于祁连山的黑河走向。

登上莺落峡口的高山,了望起伏绵延的崇山峻岭及山下视野所及的戈壁、沙漠、绿洲时,不得不惊叹造物主的伟大,它仅用一河之水,就赋予了山川大地无穷的生机和活力。

黑河,就从这里穿越石峡,涌出祁连山,一路逶迤,走向居延海。

它是中国第二大内陆河,最早记载的名字却是"弱水",取水流之弱,鸿毛不浮之意。《山海经》云:"昆仑之北有水,其力不能胜芥,故名弱水"。古时的昆仑山,即是今天的祁连山。名曰"弱水",可能是古人的泛称。古时许多浅而湍急的河流不能用舟船过渡,这样的河流统称为弱水。

事实上,远古时候的黑河绝不是今天鸿毛不浮的样子。2003 年,在张掖举办的全国节水型社会试点经验推进会议上,兰州大学冯绳武教授第一次提出黑河流变,立马语惊四座:"第四纪中更新世发生最大冰川作用后,进入气候温暖的间冰期,黑河流域水量丰沛,越走廊北山、蒙古高原,造成由居延盆地东北缺口直达黑龙江上游现不相连的呼伦贝尔盆地间的古河道。"水文地质专家也通过卫星航片证实了这一点,发现黑河从居延盆地到黑龙江上游的呼伦贝尔盆地之间明显存在一条古河道,在这条河道间,分布着断断续续的湖泊,各湖泊的海拔自西向东依次为:居延海:922 米;温图高勒:910 米;巴布拉海:881 米;乌兰呼苏海:776 米;呼伦池:539 米。

另外从内陆河的演变考证,黑河的尾闾湖、居延海不像罗布泊等,湖水干涸后,河流带来的盐分无处排泄而形成咸水湖,居延海依然是淡水

｜莺落峡中的丹霞峭壁

湖,说明它成为尾闾湖的时间并不是很久远。

由此推测,很多年前,这条古河道与黑龙江是相通,其长度算起来达到了6500多公里,堪称亚洲最长的湖谷河。

更加古老的神话集大成者《山海经》,把这片"流沙"之地称之为"西海"。上古神话演义中传说,在人烟稀少的远古时代,浩渺云水间,行游着神仙。居延海衍生为神仙出没的地方,属于长生不老的西王母的领地。茫无边际的西海里有一架天梯,白天看不见,夜间神仙顺着天梯上天入地,悠游四方。

黑河的源头祁连腹地,自东向西流的八宝河和由西向东流的托勒河,像祁连雪峰甩动的两袂云袖,贯穿整个青海祁连县境。白雪皑皑的雪峰告诉了我们这条河流的根源——祁连山有无数沟壑,常年溪流不断,像树木的须根,最终归结到两条主根上。两条河在距祁连县八公里的黄藏寺村握手相合,穿越高山峡谷,出祁连山即是河西走廊的张掖绿洲。

张掖自古以来一直有"水乡泽国"之称,是西北戈壁大漠之中得天独厚的一片乐土。清人编志称张掖有"三水一海"之佑,"三水"即弱水、洪水、黑水,"一海"即居延海。明代诗人郭登云:"黑河如带向西来,河上边城自汉开。"明代诗人郭绅云:"甘州城北水云乡,每至秋熟一望黄。"古代诗文中吟颂黑河的文字比比皆是,如"在城长蒲黄,出城汇渔池。风味江南似,人家塞北嬉。""清波郁翠条,摇曳拂河桥。""百川入海尽东浮,渠分十二绕甘州。""秋月照边城,芦州漾水明。""六水三庙一居处""三面杨柳一面湖""半村榆树一村水,三里荻花二里风。"国民党元老罗家伦先生留下了"不望祁连山顶雪,错把张掖认江南"的名句。

一座城市,有水便有灵气。从这些优美的文字中,人们能感受到水光潋滟的张掖从历史深处走过。

因为黑河,张掖成为延续两千多年的历史文化名城。

｜壮丽的彩色丘陵

　　民谚所说:"甘州不干水池塘"。在明清时地方志上有一幅"甘州府城图",可以看出,甘州城内水泊湖塘约占全城面积的三分之一,处处举步见塘,抬头见苇,家家临水,户户垂柳,古城城外有护城河环绕,城内除了湖泊遍布,还有庙宇林立,东、西、南、北的诸神庙,上对天文,下应时景,东面紫阳宫,西面文昌庙,南面火神庙,北面北斗宫,中间镇远楼,东教场的饮马池边是"马神庙",就连芦苇池边也有一座"芦爷庙",把"马"和"芦苇"尊为神位,建祠供奉,这在其他城市中是十分少见的。《甘州府志》的编撰者钟赓起在编完《水利》后不由地惊叹:"水哉、水哉,有本者如是!"

　　黑河在祁连山中的集流区达五千多平方公里,流径928公里。这个流径在世界内陆河流中也算长河了,然而地处干旱、半干旱地域,降水稀少,补济不足,河水的主要来源——祁连冰川逐年退缩,受季节影响,河流时断时续,裸露的河床常常沙石飞扬,荒草芊芊,像贫血的病人一样面目苍白。而这条河,对于河西走廊、对于整个西部却有着举足轻重的作用,它不但养育了河西走廊数百万民众,而且关系着整个西北地区生态环境的平

莺落峡口的丹崖峭壁 |

衡。它以潺弱的清流哺育了河西走廊的张掖和额济纳两大绿洲,在巴丹吉林沙漠和无数未名戈壁滩环绕的西北边缘呈现出一片绚丽和繁荣。它的荣枯还直接影响着中国西北生态的平衡,有人形象地称它为"中国西北生态环境的晴雨表"。

在中、西文化交流的丝绸之路上,黑河流域是不可忽视的重要节点。在上游,丝绸之路南线沿黑河大峡谷穿行;在中游,河西走廊是丝绸之路中线必经的孔道;在下游,居延一带是丝绸之路北线重要的憩息地。两千多年的历史进程中,这条道路给中西方带来影响是十分深远的。西方人由此掌握了丝绸、陶瓷、造纸、铁器制造技术,中国人引进了饲草苜蓿、良种马,品尝到了葡萄酒。

作为中国和亚、欧大陆之间物质与文化交流的古道,在过往岁月里发生了多少故事,已经难寻踪迹。时光,流水般消解了千年文明的痕迹,悦耳的驼铃声只在史册间悠长回荡,但壮丽的人文景观却深深印在了万里旅途上。

从旧时黑河的河流水渠分布图看,这条河的状貌像一棵枝繁叶茂的大树,它以偌大的祁连山作为根基,拿千山万壑的径流滋养根基,把生命的枝枝节节铺张得有景有致。沿着它的枝桠攀升,一个个有名有姓的村庄和城市,栖踞在这棵树的枝头,像被滋养的花朵一般鲜艳,如硕果一般饱满。主干的枝梢一直伸进巴丹吉林沙漠,让干涸的大漠戈壁也长出了几擘茵茵的绿枝。在这张地图上,人类的生存之基被揭示得如此简洁明了、透彻醒目。这真是一幅最富有诗意和哲学意味的"河舆图"。不知道撰志之人怎么就选择了这样的形式来描述一条河流,他或许真的找到了破译这条河的密码。

黑河流域自有人类的足迹始,就改写了纯自然的原始状态,它的血脉中融进了人的历史,亦或人类文明史,生态就显得复杂多了。后人感叹"一方水土养育一方人",实事如此,凡有人类定居的区域,哪个地方没有充足的水源?楼兰古国是历史上非常有名的富庶之地,却因罗布泊干涸而成为不毛之地。黑河流域上的东灰山、西灰山、黑水国、肩水金关、地湾城、黑城等,都曾是河西先民创业立足的根据地,但因着黑河改道或水源破坏,全都沦为古城遗址。黑河流域有史可载的两千多年历史岁月中,尽管经过了无数次的改朝换代,但河西走廊的文明始终在更替中延续,在破旧中立新,全都因黑河不涸,绿水常流。人类社会发展史表明,承载一个地方文明的条件,不是政治,不是经济,更不是人为的意愿,而是资源,更具体地说是水资源。黑格尔说:"生命与河流同源",历史更与河流同步。黑河流经千万个春秋,到今天还能以不竭的生命力托举起上、中、下的绿色时空,已经是一件极不简单的奇迹了。

沿着这条河流走去,我们能感受到河流给人类文明发展带来的莫大动力,同时,也会发现,这条河流也是与丹霞地貌或彩色丘陵一路相伴,从上游的莺落峡到中游的正义峡,再到下游的居延海一带,以及它曾经的支流所流经的那些山丘,都有丹霞地貌的呈现。河流与丹霞地貌之间有着怎样的生发原理,目前我们尚未知悉,但这个问题对于地质地貌学家来说,应该是相当感兴趣的话题。

大勒巴河谷:丹霞映照的裕固风情走廊

大勒巴河是祁连山腹地的一条泻洪河,由东向西流淌,河水汇集到梨园河,流向山外。仰望祁连,雪峰近在眼前。

进入大勒巴河谷不远,丹霞风光就映入眼帘。一河之隔,两岸的丹霞各具情态。

北岸怪石嶙峋,岩壁奇侧相倚,有时是连绵的峭壁,有时是独立的山包,裸露的山岩色彩缤纷,有的呈灰白色,有的呈铁红色,有的呈藏青色,有的呈桔黄色,有一处白色的尖峰被其他色彩的岩石簇拥着,形如"冰山

｜肃南县城

一角";还有的刚从黑色苔藓类植被覆盖的泥石中露出一点点丹霞地貌的剖面,可以清晰地看到幼年期丹霞成长的痕迹。这片丹霞地貌与南台子的彩色丘陵连为一体,从那些山沟里进去,翻山越岭就能抵达彩色丘陵。

南岸的山体紧傍公路, 多是峭壁尖峰, 显然是步入少年期丹霞的特征。经年的风吹雨淋,摧枯拉朽,冲刷淘沥,石壁上布满了"建筑群"一样的雕塑,有的像一个个仿古的窗棂,有的像一串串宫殿楼宇,有的像支撑大厦的廊柱, 还有巨大的石块坍塌堕落下来, 像经过了一场莫名其妙的浩劫,留下了如同遗世的建筑框架。从坡度较缓的地方登上山去,看到的丹霞景观又是另一种情趣,那些造型奇特的山体,像是从远古时代奔涌、汇聚而来的一群怪兽,如同被神佛施了法力,顷刻间定格在了那里,呈现出各式各样的情态。这些奇特的雕塑,让人惊叹之余,更加感受着大自然鬼

大勒巴河谷北岸

斧神工的造化之工。

　　沿大勒巴河谷前行,一路丹崖相伴,如入画境。径直走去,前面还有绿草如茵的康乐大草原,有幽深神秘的峡谷深涧,有冰川雪山、原始森林、湿地草甸……肃南裕固族自治县将这些天然景观融于一体,规划建设了"中华裕固风情走廊旅游景区"。景区以肃南县康乐特色旅游集镇商业水街为起点,沿祁连山腹地公路,经大勒巴河谷、万佛峡、康乐草原、牛心墩、石窟河、柏杨河、孔岗木、海牙沟至县城为终点,全长近80公里,面积约880平方公里。规划设计者别具匠心,总体以祁连风光为形,以历史文化为骨,以裕固风情为魂,利用丹霞之苍茫、草原之辽远、森林之静美的意境,将裕固族数千年独特、神秘的历史文化有机融入祁连山腹地宽广的怀抱,用自然格调确定人文资源的文化基调,用人文资源强化自然本底资源的特色品

｜大勒巴河谷南岸

质,构建"裕固印象——裕固历史——裕固风情——裕固盛世"四个板块,
凸显祁连风光的纯净至美,展示裕固文化的神秘多姿,形成了"以祁连山
生态观光为基础,以民族历史探秘为热点,以裕固风情体验为核心"涵盖
地质观光、生态度假、休闲娱乐等多种复合功能的景区。今天,走进这片景
区,确有"看山如看画,游山如游史"的感觉。

　　进入祁连山腹地,积淀了千百年的裕固风情,很值得用心去体验。裕
固族,是甘肃省独有的少数民族之一,约14300多人,大多聚居在祁连山
北麓,以畜牧业生产为主,兼营农业。他们自称"尧呼尔",有自己的民族语
言,文字却已失传,其历史多为口耳相传。

　　裕固族有着悠久的历史和独特的文化, 其远祖可以追溯到公元前三
世纪的丁零、四世纪的铁勒和居住在色楞格河和鄂尔浑河流域的回纥。回

大勒巴河谷的自行车赛 |

纥是东部铁勒(亦称狄历、敕勒、高车)的六大部之一。后来东部铁勒在反抗东突厥汗国的斗争中,形成了以回纥为核心的部落联盟,被称为"九姓铁勒"或简称"九姓"。八世纪中叶,回纥击败突厥在乌德勒山(今杭爱山支系)、温昆河(今鄂尔浑河)建立回纥汗国。九世纪中叶,回纥汗国为黠戛斯所破,回纥各部四处迁徙,其中一支投奔河西走廊,与早先迁来的部分回纥汇合,在这里生息繁衍,成为当今裕固族的主体。据史籍记载,宋代裕固族先民被称为"黄头回纥",元称"撒里畏吾",明称"撒里畏兀儿",清称"锡喇伟古尔",康熙年间,根据世袭生活区域,裕固族划分为七族,即:大头目家、杨哥家、五格家、八格家、罗儿家、亚拉格家、贺郎格家,其中大头目被封为"七族黄番总管",赐以黄马褂和红顶蓝翎子帽。这些物件在今天肃南县裕固文化博物馆中尚能见到。

在中华人民共和国建国之初,裕固族曾被称为"撒里维吾尔"。1953年经与本族代表协商,确定以同"尧呼尔"音相近的"裕固"为族称,也是取

｜裕固风情走廊入口

汉语"富裕巩固"之意。综合来看，现今的裕固族是以古代回鹘人的一支——黄头回鹘为主体,融合蒙古、藏等民族而形成的。因此,在祁连山腹地裕固族聚集区常常也能见到藏族、蒙古族也就不足为奇了。

　　以裕固族为主体留下的物质文化遗产不是很多,值得一说的是其服饰文化和裕固民歌。裕固族服饰文化中多以色彩鲜艳、花纹图案美丽而著称,裕固妇女手工刺绣的各种图案形象生动,独具特色,最为精彩的是姑娘的"头面",堪称精美工艺品。裕固族传统民间文学方面主要有神话、传说、故事、民歌、叙事诗、谚语、谜语等,尤其民歌独具风格,曲调朴实优美。有学者认为裕固族民歌格律,分别与古代文献中记载的突厥语民歌、蒙古语民歌有许多共同之处,其中还保留着一些与《突厥语词典》中记载的四行一段押尾韵的民歌形式相一致的民歌,同时又吸收了汉族的小调、回族和东乡族的"花儿"、藏的山歌、酒曲以及蒙古族的划拳曲等,并且把各种风格巧妙地融为一体，成为独具本民族特色的优秀民歌。裕固族民歌有叙事歌、牧歌(东部语称"玛尔至顺"、西部语称"玛尔至耶尔")、风俗歌等。牧歌中有牧羊歌、放马歌、放牛歌、牧驼歌。劳动歌中有奶幼畜歌、刹草歌、擀毡歌、割草歌、捻线歌等。风俗歌主要包括婚礼歌和送葬曲。国内外有人对裕固族民歌进行了深入研究，发现有些民歌如"摇篮曲"等，还完整地保留着 2000 年前匈奴民歌的曲调，这些曲调由匈奴人传给了裕固人的祖先——铁勒、回纥人，回纥人又代代相传，一直传到今天的裕固人。

从大勒巴河谷进入"中华裕固风情走廊旅游景区"，赏丹霞，看草原，其乐无穷。雪峰皑皑，白云悠悠，耳旁时不时会听到悠扬民歌，路上时不时会见到骑马的牧人，跟他们去聊一聊，热情直爽的裕固人也许会告诉你更多有关这个民族的逸闻趣事。

张掖丹霞地质公园：壮景始成天下闻

中国丹霞地貌总数达 800 多处，集中分布在东南、西南部以及西北干旱区的 26 个省区。其中，祁连山中的张掖丹霞地貌面积达四、五百平方公里，是我国干旱地区最典型、面积最大的丹霞地貌景观，是中国丹霞地貌发育最大最好、地貌造型最丰富的地区之一，也是国内唯一的丹霞地貌与彩色丘陵景观复合区。

这一片壮观的丹霞地貌群，在 21 世纪初还是"养在深山人不识"的荒芜山地，自 2002 年以来，经过摄影家和游客的宣传，张掖丹霞逐渐被外界所知。2005 年 11 月被《中国国家地理》杂志《选美中国》栏目评为"中国最美的七大丹霞地貌"之一。由此，张掖丹霞地貌声名鹊起，甚嚣尘上。

2006 年 7 月，第十届全国丹霞地貌旅游开发研究会在张掖召开，黄进、彭华等一大批丹霞研究的专家和有关官员云集张掖，再次考察论证了张掖丹霞的价值，认为张掖丹霞地貌奇观形成于 600 万年前的侏罗纪至

｜彩色丘陵

第三纪的水平或缓倾的红色地层中,主要由红色砾石、砂岩和泥岩组成,有明显的干旱、半干旱气候的印迹,以交错层理、四壁陡峭、垂直节理、色彩斑斓而示奇。中国丹霞地貌权威黄进教授讲到:张掖彩色丹霞地貌色彩之缤纷、观赏性之强、面积之大冠绝全国;张掖彩色丘陵中国第一。位于白庄子一带的窗棂式、宫殿式丹霞地貌是全国丹霞地貌精品中的精品。这些理论上的阐述,为张掖丹霞走出深山、走向世界奠定了更为坚实的基础。

也正是在这次会议上,湖南崀山丹霞景区管委会提出全国丹霞地貌联合申报世界自然遗产的建议,其中把张掖丹霞列为西北干旱地区丹霞地貌的代表,与东南、西南片的广东丹霞山、湖南崀山、福建泰宁、江西龙虎山、贵州赤水、浙江江郎山等6处著名的丹霞地貌景区一并捆绑申遗,但因种种原因,张掖最后遗憾地退出了申遗。

　　虽然没有列入世界自然遗产，但张掖丹霞的影响力依然只增不减。2009年8月，张掖丹霞地貌被《图说天下·国家地理》编委会评为"奇险灵秀美如画——中国最美的六处奇异地貌"之一。2011年，张掖丹霞被美国《国家地理杂志》评为"世界10大神奇地理奇观"之一。2011年11月，"张掖国家地质公园"被国土资源部批准。2013年3月，张掖丹霞国家地质公园七彩丹霞景区被批准为国家"AAAA"级旅游景区。

　　张掖丹霞地貌主要有两块带状分布区，一块是祁连山前山地带，东起金塔寺、马蹄寺一带，向西延伸至红山村，集中分布点为金塔、马蹄、红山湾、白银、大河、红山村；另一块在北部合黎山地带，东起红寺湖一带，向西延伸至高台合黎，集中分布点为红寺湖、红圈子、板桥、合黎，最为独特的是红山湾、白银一带和红圈子一带。祁连山地的丹霞按照区域的相对集中

| 定海神针

度,又划分为五个小区:北岸的肃南大河乡冰沟——神鹰大峡谷——榆木
沟丹霞地貌小区,南岸的肃南康乐乡大小勒巴沟丹霞地貌小区,肃南白银
乡熬河彩色丘陵——芦苇沟丹霞地貌复合景观小区,肃南红湾寺镇白庄
子大红山丹霞地貌小区,临泽南台子丹霞地貌小区。窗棂状宫殿式丹霞地
貌是张掖丹霞地貌中分布最广、发育最好的丹霞地貌类型,尤其肃南白庄
子一带是全国丹霞地貌精品中的精品,分布之广、种类之多数全国第一,
白庄子大红山就是窗棂状宫殿式丹霞地貌的命名地。

依托南台子彩色丘陵为核心区建设的张掖丹霞地质公园,东距张掖
市区30公里,北距临泽县城20公里。在方圆100平方公里的祁连山北麓
丘陵地带,以肃南裕固族自治县白银乡为中心,海拔高度在2000米至
3800米之间,东西长约40公里,南北宽约5~10公里的地方,数以千计的

悬崖山峦全部呈现出鲜艳的丹红色和红褐色，相互映衬各显其神，展示出"色如渥丹，灿若明霞"的奇妙风采的丹霞地貌。当地少数民族把这种奇特的山景称为"阿兰拉格达"（意为红色的山）。这一片丹霞群集雄、险、奇、幽、美于一体，具有很高的科考价值和旅游观赏价值。

雄，即雄伟。构成丹霞地貌的悬崖峭壁，有的高达数百米，拔起于平川或河岸之上，危崖劲露，崖壁陡峭，气势磅礴，苍劲雄浑，可谓"巍峨独标峙，登之心旷然"，雄伟而富有力度，就是小尺度的石峰，也似有擎天之力，充满阳刚之美。

险，即险峻。以赤壁丹崖为其地貌特征，大多数山坡直立或呈反坡，令人望而生畏，近而发怵，大部分悬崖无法攀登。古人有"栈道依松划，危楼叠石连"，"绝壁当千仞，危崖一线开"等诗句，形容祁连山丹霞的险峻之美亦不为过。

张掖丹霞地质公园游人如织 |

｜天 眼

　　奇，即奇特。纵目丹霞地貌群，怪石如林，变化万千，拟物拟景，形象各异，栩栩如生，还有如古堡、如锥体、如塔林、如石柱、如石墙等形态，高低错落，组合有序，真可谓"横看成林侧成峰，远近高低各不同"。尤其晨雾之中或云海之上，仿佛海市蜃楼，又如仙山琼阁，观之令人赞叹不已，让你觉得它们是雕塑大师的艺术杰作，但却无一不是出自于大自然的鬼斧神工。

　　幽，即幽静。穿行于丹霞巷谷，只见赤壁千仞，天开一线，如入远古时光隧道。让人禁不住展开漫无边际的遐想与思古之情，"念天地之悠悠"，

张掖丹霞地质博物馆 |

怀古今之往事。

　　美,即形态之美,结构之美,色彩之美,意境之美,变幻之美。丹霞之美是一种无需雕饰的自然美。丹霞地貌表现为峰林结构,其山石高下参差、疏密相生,群峰林立,组合有序,富有韵律感和层次感。它的山崖,远看似染红霞,近看则色彩斑斓,许多悬崖峭壁,像刀削斧辟,直指蓝天,景色相当奇丽。赤壁丹崖上受流水作用或有机质沉淀,被染成片片黛青色、暗褐色、丹红色,七彩斑斓,在蓝天、白云、雪峰衬映之下,和谐中产生对比,构成一幅幅多彩的画面。山峰随着时间、天气的变化,色彩景色也在不断变幻,层次分明,早上可以看到日出的奇观,晚上可以看到绚丽的晚霞和恬静的夜色,雨天极目远眺,使人胸怀开阔,万虑顿消。一日之中,一年四季,无论晴雨早晚,都有不同的景色供游人观赏。

尤其是国内外罕见的彩色丘陵,以形态丰富、色彩斑斓而称奇,有七彩峡、七彩塔、七彩屏、七彩练、七彩湖、七彩大扇贝、火海、刀山等奇妙景观,令人直赞叹大自然的鬼斧神工。彭华先生评价说:"天然运河修,四季见秋山。"尹泽生先生评价:"像大地喷洒炽焰烈火,似山崖披上五彩霓裳,这是一处与众不同的丹霞景观。"

张掖丹霞地质博物馆,是西北首个以丹霞地貌为主题的博物馆,它将为游客了解丹霞、认识丹霞提供一个良好平台。

后 记

　　从来没有想过要写丹霞,尽管我的相机、电脑中储存了无数丹霞的图片,却始终无法把丹霞作为一个写作题材考虑过。有一天,出版社的一位朋友提议我写一本有关丹霞的书,犹豫再三,答应试一试。

　　着手这事以后,我才发现,这个领域的文学创作几乎处于空白状态。虽然有人尝试过文学化的表现,也有媒体倡导过有关丹霞的征文并出版过集子,但大都是浮光掠影,集中于一片丹霞地貌群,用文学的笔法展现丹霞风光,更是少见。对于一个写作者,这样的题材非常富有挑战性,一方面,找到一个空白地带的书写很有意思,另一方面,把专业知识转化为文学表达相当艰难。就在这种两难状态下,我尝试着进行有关丹霞的文学表现。

　　好在祁连山腹地的大多数丹霞区域我都走到过,对自然生态的书写一直是这几年努力的方向。为了更真切地表现丹霞,朋友张军和我驾车考察了祁连山中诸多丹霞地貌,并在写作初期为我搜集了大量有关丹霞的资料,为我的写作提供了直接参考。然后,钻进一堆艰深的地质地学书籍和丹霞研究成果中,尽力挖掘丹霞地貌的形成原理、分布情况及类型特征,一边学习,一边梳理线索,初步形成了一本书的整体轮廓。在写作过程中,我尽量把艰涩生晦的专业知识转化为通俗生动的文学化表述,力求让一般读者能看得进去,并能对丹霞有一个形象的认知。

但是,丹霞地貌是好看而不好写,丰富多样的画面语言有时胜过千百字的描述,读者亲临现场的感触也许比书写者更强烈、更直观。具体到祁连山丹霞地貌的任何一个区域,既有个性,又有共性,考虑到全书的整体布局,写作中只能突出最有亮点的东西来表现,往往是挂一漏万,达不到较为理想的效果。

完成书稿,交付出版社后,心里总觉得不踏实,再次与出版社协商进行了全面修改,清样出来,又请张掖市旅游局局长牛生乐进行了审核,才形成今天这个样子。尽管主观上努力了,但总有一种推石头上山的感觉,用尽全力始终推不到山顶。这个遗憾只能留待后来者去发现、去完善了。

愿这本小书能对亲近丹霞、热爱自然的朋友们有所启发。